讲述自然的故事

古树的智慧

［德］佐拉·德尔博诺　著

薛婧　译

北京出版集团

北京出版社

目录

引言

在柏林克罗伊茨贝格区一个废弃工厂里，一个砖砌的烟囱上长着一棵将近40米高的树。从一丛绿色中突出出来的圆形烟囱看起来好像教堂的钟楼，这棵小树也许是桦树，在风中摇曳的叶子不免让人联想到风向旗。寒来暑往，我常常透过客厅的窗户望向这棵令我兴奋的树。这棵树之所以能激起我的兴趣，是因为一颗长了翅膀的桦树种子经历一番旅行之后最终在这么一块暴露无遗的地方落脚，且牢牢扎根于墙体的缝隙之中，远离土壤，却能够找到足够的养分，而且长得枝繁叶茂。我对树木有源自情感方面的喜好，究其原因大概是我在阿普利亚的橄榄树林里度过了整个童年。另外，还有美学方面的原因让我对树木痴迷，我喜欢冬天的景色就是因为那些能让人产生无限遐想的光秃秃的大树，专注地看它们绝不会感到无聊。从大学时代开始我就喜欢观察树木，许多建筑师都偏爱树木，那些适合做雕塑和盆景的可塑性强的树尤其受到青睐，我的窗台上现在还立着两棵。当然，最受众人喜爱的还是那些巨大的老树，它们从许久以前就开始悄悄影响着人们的生活，渐渐变得受人尊敬，慢慢开始被人保护起来。我们人类十分渺小且没有得到上帝赐予太多的时间，我们的寿命只相当于一棵普通的桦树，而桦树则属于树木中寿命最短的那一类。

在大部分有我的狗陪伴的情况下，与树木共度一年，其间造访地球上最老最大的 15 棵树，这是改变了我对生命的看法的一段经历。除了情感和美学上的喜好，还有与文化和植物学相关的乐趣。所有这四方面的感受被一种基本的感受绑定在一起——惊叹。会惊讶于围绕着一个村子里、一座岛上、一块大陆上最老的树（当然，也许它根本不是最老的那一棵，只是人们出于强迫症硬把它写在纪录里）发生过的故事。我会惊奇地站在一棵红杉前等待下雨，想倾听一下是否真的会有潺潺的水声从树根响起直至树冠，因为针叶抑制了水分蒸发，水就这样顺着导管被一路吸上去。

我把树看作人类，并尝试着把它们当作人物来拍照，拍摄时使用双镜头的禄莱相机（经典的用于拍摄人物肖像的中等尺寸相机）。

我的书中收录了德国、意大利和瑞士的树，因为我在这几个国家生活过。另外一些出现在我书里面的树，要么是世界纪录保持者，要么有非常精彩刺激的故事。我并没有见过世界上最高的那棵树，它位于加利福尼亚州的一片森林里，高达 115 米，名字叫作亥伯龙（Hyperion），是一棵红杉。从航拍画面中可以看出它是如何高耸在一片绿海之中，但它的具体位置是保密的。在白山的一个山坡上，生长着世界上最老的 20 棵树，我攀爬到了只剩最后两公里，然后最终由于积雪和我个人的恐惧而放弃了。

这场旅行是十分必要的，路途有时很艰险，但对这些巨大的生灵的敬畏推动了我，让我以这种方式来拜见它们。这一年来，最深刻的认识不是"最老的树通常生长在最偏僻的地方"，而是"每棵树，即便它对我来说并不起眼，对无数其他生命来说，却是整个世界"。印象最深的是，当我看到雪曼将军树，它有三层楼那么高，树冠离地面那么远，以至于在那里完全形成另一个王国，那里面的许多寄居者一生从未离开过这棵树，也不曾为我们所见。树越老，死去树枝的树洞里的小生境越多，它就会为越多种类的生物提供生存空间。树与树之间彼此交流，与动物、菌类和其他植物融合在一起。它们从未与我们有只言片语的交流，却能告诉我们许多故事。

安克维克紫杉

欧洲红豆杉（*Taxus baccata*）　俗名：欧洲紫杉，雄性

2000 至 2500 岁；高：14.9 米；树干周长：9.1 米
英格兰，伯克夏郡，瑞斯伯里；
北纬 51°41′，西经 0°56′；海拔：29 米

　　穿着金色的风衣，踩着及踝皮靴，走过花香四溢的草地，经过潺潺的小溪，然后就要蹚过沼泽，滑行在烂泥里，人们接下来将溅得满身是泥，变得十分可笑。必须要从保护动物的护栏上翻越过去，这让人回想起青春时代的 BBC 纪录片《医生和可爱的家畜》(*Das Doktor und das liebe Vieh*)。其实，从麦格纳宪章小巷到杉树的路并不远，只是真的非常难走。国家托管协会把一块不显眼的小木牌挂在栅栏上，上面写着"杉树和修道院"，它风化得非常严重，以至于很明显，这里其实不希望有过多游人来打扰。偶尔会有能给人指路的散步者，他们全部是养狗的人，穿着耐磨抗风的衣服，脚蹬胶皮靴子，在泥泞的道路上艰难地行走着，而且不论谁的狗都特别壮实。

　　这里并不安静，瑞斯伯里位于希思罗国际机场的起飞航道下方，总有机器的轰鸣声，一位自称帕特里克的先生说："每逢假期，这里都特别吵。"谈话间，他那只像拖把一样的泰迪在一旁跑来跑去。他说，并不是因为飞机频繁起飞，而是因为飞机装载太满，以至于飞机爬升到指定高度的时间变长了。中间安静的时候，只能听见天鹅翅膀扇动的声音。空

气中突现罕见的寂静，空中飞过一群绿鹦鹉，据说它们是从机场的集装箱里溜出来的，它们非常了不起，在这里繁衍生息，伦敦处处有它们的身影。梦幻的冬日阳光穿过银灰杨组成的林荫道，没人知道是谁种了这些树，实际上，这条林荫道也不通往某个具体的地方，就只是在庄稼中间有这么一条小路，两个世界在这里彼此相遇。在路的尽头是不令人期待的忧郁湿冷的感觉。

这里是通往一个神秘昏暗宇宙的大门，粗壮的针叶小树丛，一小块林间空地，然而就是那里，立着它——安克维克紫杉。第一眼看上去，它一点儿都不醒目，差不多十五米高，人们会毫不留意地从它身边走过，旁边也没有立块牌子来介绍它的重要意义。树枝很沉重，几近垂直到地面，几乎遮住了树干，有几条特别粗的树枝已经扎进土里生了根。它的形状不对称，且样子也不好看，它的下半部分是向西伸展的。

紫杉在幼年阶段生长相当缓慢，以至于许多幼树很难摆脱被动物啃咬的命运。除了可以被制成果酱的红色种皮或假种皮，以及花粉粒，紫杉的所有部分都有很强的毒性，食用它的 200 克针叶，就可以毒死一匹马，小家兔食用 2 克就会死于非命，只要把它的一小撮针叶代替迷迭香放进番茄汤里，人类食用 50 克也就活不成了。死亡形式为心脏骤停和呼吸骤停。野兔、狍子和马鹿对紫杉的毒具有免疫力，也正是这些动物啃食消耗幼年紫杉。在马还是人类生活必需品的时代，紫杉是人们排斥的对象，人们一度尝试根除它们，将它们称为"不祥之木"（Unholz），并大量砍伐它们。大量被砍伐的原因也在于，紫杉木的密度、硬度和弹性不仅非常适合制作矛和弓，还适合做建筑木材和各种各样的生活用品。这棵紫杉在这里对抗了所有逆境，饥饿的鹿群、疾病、雷击、暴风的席卷、洪水和砍伐等等，这些一棵树一生中所有可能遇到的灾难。当凯尔特语刚刚在不列颠岛传播开来，当罗马人在恺撒的领导下还没来到这里，当防御工事还只是铁栅栏，当这里的人们还生活在由族长统治的部落联盟里，这棵紫杉可能已经在这里了。

紫杉的正后方是一个小修道院的遗址，堆砌粗糙的石墙上面爬满了青藤，于 12 世纪由圣玛丽修道院所建，是六七位修女的住所，她们都是本笃会的修士。这座旧建筑周围的土地较外界高出两个手掌的宽度，以防止住在这里的修女们受到泛滥的泰晤士河洪水的侵扰。泰晤士河距离这里不足百米，中间还途经一处沼泽，虽然至今人们也未能驯服泰晤士河，而那时的泰晤士河更加肆虐。尽管这里高出一块，但河水仍然会越过堤坝冲上来，我们可以看见几道通向修道院的狭窄水渠，人们用这个把鲈鱼吸引到这里并养起来，作为修女们的储备食物。在河后面的山丘上，丛林中屹立着兰尼米德空军纪念碑，用来纪念在"二战"中牺牲却未被掩埋的战士。偶尔，阳光照进教堂核心建筑的中间部分，像穿过了凸透镜而被汇集在一处，恰似象征着这里是一个承载了许多历史的地方。

这六七位于 1215 年住在这座修道院里的修女，她们在英格兰历史上，甚至在整个西方世界历史上的价值都被低估了——杰瑞·希尔证实了这一点。人们前不久看到这位穿着粗呢夹克的先生踏着坚定的步伐走过草地，站在大杉树旁宣布他的研究观点，这不仅是他个人的观点，还是他邻居的，但不论怎么说，都是没经过科学论证的。1215 年 6 月 15 日，传说中那位挥霍无度又脾气暴躁的、与他的兄长狮心王理查德刚好相反的、最不受待见的无地王约翰一世在这里签署了一份协议。"无地王"三个字就是字面上的意思，因为他父亲亨利二世连一块土地都没有分给他。

他承受着来自外界各方面的嘲笑，不得不屈从于有封地的国王，很难抵御来自男爵们的压力，最终不得已签署这份协议，协议首先用 63 项条款给予了贵族们许多权力并明确将一些物权划分到贵族名下，但这些对于农民来说简直就是灾难，因为他们被迫交出共同使用的牧场和共有地。在签署这份协议期间，这六七位修女正生活在这附近。杰瑞·希尔提出疑问："为什么这 25 个贵族和泰晤士小岛兰尼米德的国王恰巧来到这个住着修女的小修道院，在大杉树下签署了这份被称为《自由大宪章》的文件？如果去一个环境舒适的地方，不比来这么一个道路狭窄又泥泞的地方简单很多吗？"大宪章的制定并非一个简单的过程，需要针对每个郡县拟出许多细则，由此达到在全国推广的目的。保护商人不受专制关税的伤害；各个城市有地区裁决权力；没有贵族的同意不能提高税率；自由市民不能被无故扣押；等等这些。贵族们是没有接受过教育的，按杰瑞·希尔的说法，那么他们需要修女这种会读书写字的人，这完全合乎情理。是这几位修女写下了这些条款！

这个观点既鲜活又迷人，人们希望这是真的，希望确实是六七位在烛光下手抄《圣经》的天主教本笃会修女不仅确定了英格兰的长度和重量计量单位，而且证明了教会不依附于皇权。大宪章是英国宪法的基础，其中包含着至今仍有效的语句——"我们不会出卖、拒绝或延误任何人的法律权利和正义"。它是法治国家和议会制的开端，它同《权利法案》一起作为美国法律和统一国家的基础，另外，还有一句著名的话语"只要寡妇不打算同男人生活在一起，他人就没有权利强迫她再婚"。这句话也出自这些修女之手。

在大宪章签订八百周年的庆典活动之后，老杉树变得世界闻名，并不得不忍受从世界各地蜂拥而至的游客。国家托管协会设计了许多方案，防止老树受到那些带着小刀、锯子或打火机的游客的伤害。每一个站在老树面前的人都想要拥抱它，为了避开树枝靠近树干，人们必须弯下腰来。这是一棵怎样的树干啊！周长9米，里面是空心的，在250年中，由于腐烂，树干的下半部分完全空了，这使人们很难确定它的树龄。老树发展出一种没有树芯却能继续活着的技能，它形成了内生根，这些根成了新的树干。另外，它还长出新的嫩芽，这唯一的树干长成了一个复合型树干，一个纵横交错、盘根错节的圆桶。这是一个轮廓和色彩的游戏，灰色和红棕色的树皮呈鳞片状脱落，露出里面诱人去抚摸的大理石般光滑的木头。树上有一处垂直的裂缝，即使再瘦的人也无法从那个缝挤进去，但从外面往里看还是很好的，人们可以从中看到一种形式和外观极美的结合。一位牵着大胖狗的女士说，她是在瑞斯伯里住了十几年的美国人，她从大树里看到了一个大象的头。的确，一条象鼻子从树洞里直直地伸出来，还有面部和身体。这树的内部就是独一无二的罗夏墨迹测验。占卜师们若在夏至和冬至时不去巨石阵，也会到这里来。

从2010年开始，德鲁伊网在英国受到法律认可，约一万人成为被认证的巫师，大树祭祀是凯尔特神话的核心组成部分。首先，夏至一到就足以让国家托管协会紧张起来，那么多无拘无束的人围着大树跳舞，用身体紧贴着它，一边抚摸它，还一边唱赞歌。这完全有可能发生任何乱七八糟的情况，老杉树该不会成为第一棵被烧掉的老树吧？！

安克维克紫杉的香艳逸事源于亨利八世在它枝条下的浪漫约会，由于约会地点就在修女们的居所旁，所以更加显得轻浮。亨利的第一任妻子是凯瑟琳·封·阿拉贡，而他在1526年爱上了安妮·博林，安妮的姐姐以前曾是亨利八世的情妇。他迫切地追求她，多次在紫杉树下与她秘密幽会，越发牢固地把她抓在手心里。而渐渐地，她不再甘心做情妇，她想成为他真正的妻子，这迫使亨利必须要离开他的原配妻子，然而罗马教廷拒绝他废除第一段婚姻。

1533年，亨利迎娶了怀孕的安妮·博林，这件事使他在一段时间内成了重婚者，因为，英国离婚法庭若没有得到大主教的许可便宣布废除一段婚姻，这是无效的。由此，亨利开始走上了与罗马教廷的决裂之路。他将自己任命为英格兰最高宗教领袖，这是他在紫杉树下做出的另一件震惊世界的大事。这段婚姻并不幸福，两次流产让他们痛失王室继承人，安妮·博林就此失宠，她还被指控与她的弟弟以及弟弟的几个朋友通奸，于1536年5月19日，被一个来自法国克莱斯的刽子手斩首了。

由于这个花边历史事件，使得人们几乎遗忘了另一件更加绝妙的事，一个浪漫的自然奇观，只有每年二月底三月初来这里散步的人才能看到。帕特里克说，这是"雪花莲"，据说在杉树下能看到成千上万的雪花莲，独一无二的雪花莲花海，植物学的罕见奇景，对科学家们来说是极佳的研究对象。帕特里克认为，德文中对雪花莲的称呼，Schneeglöckchen 比 Schneetropfen 的叫法更合适，更具有诗意，这种叫法源自修女们给这种花取的名字。不仅如此，这里对遗传学家们来说也极有吸引力，能与原始的雪花莲如此近距离接触，空间上限制得如此精密，时间又安排得恰到好处。有趣的还有安克维克紫杉的后代，距离老杉树一箭之遥，生长的地方离小溪特别近。当雪花莲开花的时候，杉树也会开花，天气刚刚转暖，它们的花粉袋就打开了，此时树叶还没长出来，花粉粒可以毫无障碍地传播，花粉飘向四面八方，有的飘到了雌树上被分泌的液体粘在上面。接下来，到了八月，种子开始成熟，有些鸟会把它们吃掉，另一些鸟则只吃外面包裹的柔软种皮，将种子完好无损地剥离出来，并将它们散播到各个地方。可见，一棵老树几百年来都在努力地繁衍生息，生育之神对它都无可挑剔。

参议员和自由女神

落羽杉（*Taxodium distichum var. imbricarium oder Taxodium ascendens*）

俗名：池杉

参议员，据 2012 年 1 月 16 日测算，最高 3570 岁
自由女神，约 2000 岁；高：27 米；树干周长：9.8 米
美国，佛罗里达州，朗沃德，大树公园；
北纬 28°43′，西经 19°53′；海拔：23 米

　　她在他的阴影下站了两千年，但现如今，在 2 月的一个阳光灿烂的早晨，她纤细却苍劲的身躯却早已广为人知，没有谁能和她相提并论，她轻轻松松战胜一切，周围都是仰慕她的人。在这片泥泞的森林里，她在冬季脱光叶子的状态极具吸引力，只有孤零零几抹绿色在伸向高处，寄生藤像闪着银光的假发一样挂在光秃秃的树枝上。与之相反，地面上的蕨类在此时生长得十分茂盛，好似在地面附近形成了一片丛林，这里正是鳄鱼的栖身之所。直到 2012 年 1 月 16 日那个戏剧性的夜晚，在那之前，她一直是个配角，因为一直到那个时间点"他"——她那苍老又强壮的同伴，还一直站在那里。他从她生命的第一天开始就一直陪着她，当她抽出第一片嫩叶的时候，他已经是一位一千岁高龄的同伴了。大概也就是在那个时候，在加利利有一个犹太少年正在成长，这个人后来以"来自拿撒勒的耶稣"之名走进人类历史。这里的"他"和"她"是人们赋予它们的称呼，而不是它们生物上的性别。池杉是雌雄同体的，它的

身体里同时承载着雄性和雌性的血液。人们还突发奇想，给它们取了拟人化的名字。"她"——"自由女神"；"他"——"参议员"。"她"——活着；"他"——死了。那些打破语言上性别规律的人，喜欢把"她"称为"池杉"，把"他"叫作"树"。

他，也就是那棵"树"在 1925 年被人从 60 米砍到 35 米，朗沃德的消防队安装了一个避雷针来避免其受伤害。另外，有市民给这块土地的主人——木材工业者、松节油生产商、佛罗里达州议员摩西·奥多斯特里特写信，询问他是否可以放过这两棵树所在的森林，让它们免遭砍伐，甚至是否可以就在那块地方给大伙建个公园。于是，奥多斯特里特议员便把这块地捐给了国家。人们出于对他的尊敬，将那棵比较大的树命名为"参议员"。"自由女神"直到 2005 年才得到她现在的名字，时值国家遭受"911"重创之后的爱国主义热潮期。

27 米的"自由女神"和地面上只剩被烧焦的残余部分的"参议员"共用着 12 米，这么说是因为人们猜测大树们在地下通过根系互相协作，他体弱多病，他的邻居用葡萄糖和其他的养分支持着他。我很难想象，他在经历了 1925 年的飓风袭击后还比她高 1/3。现在，他比她虚弱一倍，她高大伟岸的身躯显得十分巨大，树干稍稍向"参议员"的残余部分倾斜。树冠的树梢和主要枝干也被飓风折断了，由此形成了一副被特别修剪过的样子。她好像一颗国际象棋棋子，而且当然是"王后"，她高大光滑的树干上装饰着一顶坚实的小皇冠，好像能让人用魔力之手把她从泥泞的森林里拿出来。好像巨人拿着像忘忧石一般打磨光滑的棋子，就这样拿着一块没有瑕疵的优质木材。在秋天的时候，她那 6 至 8 毫米长的羽状树叶会变成棕色，并会和与它们相连接的小树枝一同脱落，树会变得特别赤裸和纯粹。落羽杉属于冬季会落叶的针叶属，就像落叶松和水杉一样。

　　当人们讲起"参议员"的故事，若不提及山姆·托米，那么这只是个比较特别的关于树的故事而已，但若提起他，故事的内容可就丰富得多了。"万事皆互相关联"，这位缜密的50多岁的人三周以前在400公里外这样说。他说这句话可不止一次，这是一句对他来说十分重要的话。山姆·托米的姓是怀特，这个姓是从他祖父那里继承来的，因为塞米诺人中没有谁会自愿姓这么美国佬的姓氏。他是个浑身透着灵性的北美印第安人，印第安人不信奉基督教，而是相信其他一些神明，比如树神。当我们正在讨论我们的偶然相遇是一种奇妙的缘分时，他说"万物皆互相关联"，所以像这种在高速路边的加油站的偶遇也不是偶然，也没什么可大惊小怪的。他说，他生活在位于佛罗里达最南部湿地的印第安人居留地，在此时此刻能为我们讲述他30年前如何带着他刚出生8天的女儿经历40个小时的车程，为了"参议员"而来到朗沃德。在没人看见的夜晚，带着新生儿在圣树下进行他不愿意透露细节的宗教活动，因为这是塞米诺人的仪式，是属于他们族人的秘密。他说，怀特家族已经从他们的族人那里夺取了很多东西了，所以这种仪式不能与外人道。他唯一能说的是，这个仪式是关于肚子的。婴儿们借助"参议员"取得与神明之间的联系，这是一个世代相传的习俗，因为这棵落基山脉东侧最高、最古老的生物是地上的生灵与天界和神明世界的连接媒介，通过这种仪式婴儿能够获得感知的力量，借此可以终生受到庇护。"参议员"的死对于塞米诺人来说是丧失归属感一般的痛苦，主要还因为"参议员"是一个地标，几百年来在泥泞的丛林里扮演一个方向标。

现如今已经不再是泥泞的丛林了，在池杉所在的范围内，虽然叫作"塞米诺村庄"，但它已经变成了铺着修剪过的草地、建有联列式住宅区的没有历史痕迹的区域。这里，奥兰多北部，迪士尼、环球影城和海游城都在这儿建了游乐场。在现代的高墙后是沿湖铺设的柏油马路，湖岸上扬声器大声播放着歌曲《在野外漫步》，天正下着雨，路上没有人，连人类的忠实伙伴——狗都不见踪影。娄·里德的歌声在空中回荡。配有新文艺复兴式沙石栏杆的台阶给人带来地中海式的生活感受，双臂的烛台又有一丝源自巴黎的感觉。就在阿尔塔蒙特斯普林斯，这座人造园林里发生过另一件让山姆·托米没有感到震惊的"万物皆互相关联"的事情：在这个区居住着50万人口，其中恰巧有这么两位爱吸大麻且常以冷冻比萨为食的经济学学生，他们把一个房间出租给游客，这两人正是萨拉·巴尼斯的同班同学，而这位萨拉·巴尼斯正是2012年1月12日用打火机结束了"参议员"3600年生命的人。"她那时候很性感，金发，大长腿，而且早熟，所有男孩子都迷恋她。"在高中时期和萨拉坐了一年邻座的乔恩这样说。后来她当了比基尼模特，人们从这位年轻姑娘的照片可以清楚地看到毒品对人产生的影响，这不仅对她自己，对"参议员"来说也是一场灾难。那天晚上，萨拉·巴尼斯和她的朋友一起去"参议员"所在的地方，因为这里不仅对印第安人来说是个神秘的地方，对许多年轻人来说亦是如此。那是个让人浮想联翩的地方，乔恩说，尤其是当人徐徐进入到已经空掉的树干里面。就像萨拉·巴尼斯，她进到树洞里之后，莫名打开打火机打量起了装着毒品的小袋子，这是火灾六周之后她在被警察逮捕时说的。据说，那晚她不仅完全吸嗨了，脑子还特别蒙，她用手机拍下了熊熊火光中的"参议员"，把视频分享给朋友的同时，还解说道："我不能相信，我烧掉了一棵比耶稣还老的树！"大火烧了6个小时，而后"参议员"便死了。3600年的生命在6个小时里付之一炬。只有一段树干还立在那儿，一块奇形怪状的树皮，像一根带窟窿的4米长的手指指向天空，内侧已经被烧成炭，外侧长满了苔藓。这画面让人不禁想起曼哈顿双子大厦的废墟上矗立的钢筋，满载着指责而毫无生机。

"我希望她永远待在监狱里"，朗沃德一家娃娃商店的女老板娘如是说。这家娃娃商店近乎偏执地大面积使用粉色，有做得和活人一样的，连皮肤褶皱都清晰可见的女孩子娃娃。还有一间婴儿室，专卖婴儿造型的娃娃，玻璃箱里放着背靠背摆放的娃娃，所有娃娃都张着嘴，弯曲着手指，非常逼真。这会让人产生不良联想，比如婴儿陈尸所或者向恋物癖者出售人偶的商店。萨拉·巴尼斯在被捕几个月之后就取保候审了，然而，那之后一周，她再次被送进了监狱，这次是因为酒驾。她再次因为非法燃烧公物、持有和吸食毒品被起诉。连室内放着狮子标本、墙上挂着麋鹿、赤鹿头的军火店的店员也认为，萨拉·巴尼斯应该一辈子关在监狱里，让她最终再也没有机会拨打911报火警。那次火灾时参加救援的消防员布莱恩·艾姆贝格的看法却不尽相同。朗沃德的消防站在这座小城的老城区，是1873年来自田纳西和波士顿的第一批移民在这里居住的地方。当警报响起，他就和同事们一起冲了出去，他们在远处已经看到火焰将夜幕中的天空照亮，但不知道是什么着火了。只有一个少尉马上大喊："那是'参议员'！"布莱恩·艾姆贝格说自己对那棵树一点都不熟悉，因为他不是本地人，但那个少尉一直处在震惊的状态里，当他站在这恐怖的一幕前，却无法阻止大火将树的地面以上部分烧毁，他不断地念叨"这简直像杀了我"。他们当时必须先拆掉公园的栅栏，然后抬着水管跑过架在沼泽上方通向两棵树的木栈道。在树林中间，能用于实施专业扑救的空间非常有限，消防员们由于高温不能靠近。尽管他们喷了灭火泡沫，也调来了直升机洒水，可最终他们除了眼睁睁看着"参议员"在大火中被烧毁、倒下，其他什么也做不了。那位少尉站在一边几乎要哭了，又或许他已经哭出来了。

现在，"参议员"有了越来越多的专家朋友，来自全国各地的树种学家纷纷将树烧焦的残余部分取样带回研究所。其中也包括莱蒙德·海蒂，他是一位热衷于研究柏树和兰花的高中教师，他甚至还培育出过一种抗寒新品种，在 1983 年投放到市场。应该感谢海蒂在消防站前种下一棵"参议员"的复制品，它被种在潮湿的草地中央，因为池杉是一种罕见的能抵抗土壤潮湿的物种。这是一棵有 20 年树龄的 12 米高的池杉，从远处看，它那些娇嫩的倾斜向上的树枝像一片尖尖的垂枝桦树的叶子。20世纪 90 年代中期，海蒂同来自佛罗里达大学的科学家，以及一位树木学校的校长，一起寻找适合做克隆材料的老池杉，目的是建起一个育种园。"参议员"的几根嫩枝也被拿去做实验了，它们被嫁接在合适的树干上，让"参议员"的基因得以延续，至少在地面以上的部分是如此。

去年，消防站前的复制品被移植到了朗沃德，种在了老树公园的广场上，距离被烧毁的"参议员"100 米，学生们给这棵树取名为"凤凰"。这是一个感人的项目，因为直到 5564 年，这棵重生的树才能和它被烧焦的祖先（其实是它死去的孪生兄弟）达到同样的年龄，所以，人们这是完成了一件不可能实现的事情。"自由女神"和"凤凰"继续一起占有这块土地，这块景区曾在 19 世纪末开始因"参议员"吸引来了大量游客，好奇的观光客们从一处移动到另一处，只为来到这棵庞然大物脚下。

美国第30任总统卡尔文·柯立芝于1929年偕夫人来到刚刚建成的大树公园，并捐赠了一尊铜制雕塑。有一张明信片上就印着这二位在大树前的照片，总统先生穿着西装，把巴拿马帽拿在手里，总统夫人穿一身白色套装，高腰裙配灯笼袖衬衫，这是一对非常时尚的夫妻。这个公园在富兰克林·德拉诺·罗斯福任总统期间是经济发展新政（new deal）的一部分，得到了9000美元的补助，这笔钱用来修筑了第一道金属围栏，以拦截那些要在树上刻上自己名字、心形图案和肺腑之言的游人。1945年，一段栅栏和柯立芝的铜雕塑被盗了，从此一直未能寻回。在接下来的一年，美国林业学会在"参议员"身上钻了一个孔，原则上来讲这是一个非常冒险的举动，被以这种方式残暴虐待的树，里面的伤口若不用树脂填补或用杀菌剂清理干净，树会因为乘虚而入的菌类而丢掉性命。然而，"参议员"挺过来了。人们通过钻孔分析得到的结论是：这棵树大概3500岁。

有两个问题比"在公园里种上克隆树之后，人们是应该高兴还是应该沮丧？"更有趣。第一个：这些现如今并不起眼的，生长在"参议员"残余躯干周围的杉树，将来哪一棵能够熬出头，在几十或者几百年的漫长等待后，会被移植到一片开阔的土地上，迅速向上生长？在自由女神死了之后，或许也会成为这片森林新的首领吗？因为池杉只要有充足的阳光，就会飞速生长。树林里，高大的老树下有它成百上千的后代在发芽，努力生长，然而，大部分会因为缺乏光照而枯萎，并再度消失，变成腐殖质，供养其他的树。当然，最后巨大的树也会死去，会有一棵年轻的树笔直地迎着阳光绽放生命。关键是，它若是一棵像池杉这类的针叶树，它的生长形态就不会像阔叶树那么灵活多变，因为哪里有阳光，阔叶树就会把枝叶伸向哪里。

第二个问题是："参议员"会重生吗？在一定程度上来讲，这是一个浪漫的问题，是人们基于拟人化的两棵树提出的问题。"自由女神"会通过根部的滋养将"参议员"救活吗？有研究称：树在 200 年后会重生，这期间它处在一种耗能极低的"超生存"状态。这对历史来说是一件美好的事情，我们这一代人是经历不到了。若"参议员"在"自由女神"的帮助下重生，成为真正的"凤凰"，山姆·托米那句看似迷信的"万物皆互相关联"就在现实中找到了印证。

天使橡树

弗吉尼亚橡树（*Quercus virginiana*）

500 至 1500 岁；高：20.3 米；树干周长：8.5 米
最大树枝：周长 3.3 米，长 27.1 米
美国，南卡罗来纳州，琼斯岛；
北纬 32°43′，西经 80°5′；海拔：3 米

　　这块泥泞的土地原来的主人会是谁呢？可能是不久前从欧洲来到这里的白种人，也就是美国人所说的高加索人，之所以来到这里，有可能是因为贫穷，或者因为他们的父辈想这样做。居住在这里的人有可能是奴隶主，非洲人在查尔斯顿被当作价格低廉的货物，这个现如今非常美丽的海滨城市曾经是跨大西洋人口贸易的中转地，它在 1690 年以 1200人的常住人口成为北美第五大城市。过去的奴隶市场被保留至今，是一座像罗马神庙一样的建筑，装饰有庄严的罗马柱和柱顶。在这里，仿佛能看到人们看向奴隶们的嘴里，检查他们的身体并检测他们的体能，以确定他们是否合适在家或在种植园里工作。人们不应该欺骗自己，说不准谁曾经也是参与奴隶买卖的其中一员，这些人的后代有可能有负罪感，也可能没有负罪感，因为毕竟在美国南部一直有各种各样的罪恶行为。这是一段带有暴力色彩的殖民史，人们很难想象当时的真正画面，然而这一切，可以从一棵巨大的弗吉尼亚橡树上读到，它就是"天使橡树"。

　　对非洲裔美国人来说，这棵橡树含义颇深，造反的奴隶会被绑在这

棵树上行刑，他们不安的灵魂会一直住在树里，鉴于这一点，它的英文名字"生命橡树"（强生栎，live oak）显得特别不靠谱。不过话说回来，把这一段历史作为故事的开始，也是不合适的，因为，在黑人来到这里生活之前，这里生活着岛上的土著，而且当时的小岛还不叫"琼斯岛"。这里是印第安人斯托诺和伯亥克特两个部落的发祥地，这两个部落已经发展起了农业，他们种植玉米和其他作物，已经不再是到处游走的采摘者。当西班牙人在 16 世纪为了寻找黄金来到这里，并在这条海岸线登陆时，看见这里住着红狼、美洲狮和狒狒，枯燥乏味，蚊子嗡嗡乱叫，到处是沼泽。可完全没发现这里蕴藏着大量贵重金属，于是他们直接撤走了。在早期的印第安人神话里，应该有关于这棵橡树的故事，但是却失传了，因为没有人把它们记录下来。流传下来的信息只有：这棵树曾是各个部落举行祭祀的集会场所，另外，橡树用它俏皮卷发一般弯曲的大树枝为人们提供树荫和保护。

常青橡树的叶子十分坚韧，形状细长，叶面光滑，背面有白色茸毛，外形上和夏栎的叶子有点像。另外，它的树干很短，树枝所占空间特别大，由于树叶是一批一批交替更新，所以在冬天树上还有叶子。所有这些特征让它一眼望去会被误会成是它的近亲——栎树。人们随处可以见到常青橡，比如在查尔斯顿，修建于 19 世纪的规模宏大的战前公园里，橡树在高大伟岸的木兰树旁，这两种树都闪着暗暗的光泽。在去琼斯岛看"天使橡树"的途中，也能看到许多橡树的身影，它们的耐盐性很强，这使得它们可以生活在泥泞的地区。水边屹立着别墅，这些别墅都有栈桥式码头和游艇。后面才开始是贫民区，联排式住房和摇摇欲坠的平房比比皆是，到处都没有生机。

通往"天使橡树"的岔路是一条穿过森林且泥泞不堪、凹凸不平的路，然后要经过高高的栅栏，里面有一个停车场，树下有纪念品商店。那棵巨大的树有上百条章鱼腕一样的枝条，有的看起来像疲惫的胳膊耷拉在地上。狗是禁止入内的，尽管它们只是偶尔在数不清的指示牌中的一个旁边停下来并抬起腿。这些指示牌上还标注了许多其他的禁止事项，包括"禁止抓握、蹬踏树干"等等。丑陋的折叠指示牌让人拍照也不开心，有调皮捣蛋的人为了拍照悄悄把指示牌推到远处去，他的共犯是一个带着怪异的红外照相机的得克萨斯游客。这位用红外相机给大树拍照，照片里能看出大树内部有损坏和生病的地方，因为温度较低的地方会呈现蓝色。旁人对这人有一丝嫉妒，觉得他用某种未知的方式贯穿了大树，或者就是单纯的低俗艺术。这时，从纪念品商店里啪嗒啪嗒走出一位满脸不高兴的年轻黑人妇女，她塔式卷发下的刘海梳得油光锃亮，手里拿把扫帚，迅速把指示牌挪回原处，这个过程中一直在小声抱怨。没过多一会儿，一对夫妇带着他们的金毛寻回猎犬来到这里，围着橡树散步。又是那位懒散的塔式卷发，这次更没好气，并挥动着涂了指甲油的手指。于是，狗很快被主人带回了车里。

当人们独自在树下溜达，光线穿过茂密的枝叶不停晃动，树影跳动，紧贴在树皮上的苔藓闪着嫩绿的光，这里便成了一个舒适的场所。人们开始想在那一人粗的树枝上走平衡木，从这一根跳到那一根，或者干脆躺在那根 27 米长的树枝上，用脸在厚厚的苔藓上留下印记。许多树枝在空中平行交错，悬在地面上方，当它们接触地面，绝不会包住根部，因为它们不是那种类型的树。阳光灿烂的日子里，"天使橡树"在大家面前演绎巴洛克风格。当云彩遮住阳光，周遭一切忽然变暗，树看起来像立在一片原始森林里，它的树枝看起来像蜷曲粗壮的大蛇，周身不再散发出对印第安人的保护之光，而是对绑在它树干上的奴隶发出危险邪恶之光。

当人们和奎特女王讨论她先知的命运时，总是情绪饱满又充满神秘感。奎特女王真名叫马儿克塔·L.古德温，是古拉国的女总统。她从13岁开始就觉得自己会成为国家元首，并在日内瓦举行的联合国人权会议上发表了关于"关注奴隶后裔"的演说，那些奴隶曾生活在被称为岛屿链的海岛地区，这个区域从卡罗来纳州南部的大西洋沿岸，跨过佐治亚州直抵佛罗里达州最北部。

她讲话时语速很快且充满自信，使用拉长音的南美英语。有时，她也说古拉语，这是一种克里奥尔语，这种语言是来自西非各地的奴隶们为了能彼此沟通而发明出来的。手镯叮当作响，大耳环摇曳生姿，优雅的奎特女王身上充满了非洲元素。她大量使用紫色，比如用来写字的墨水，因为紫色最能体现皇室的尊贵。当她在"天使橡树"下的一场祭神仪式上讲话时，这画面让众人觉得特别陌生，白人们屏住呼吸呆望着古拉国这位女精神领袖，他们知道古拉国人相信巫术、巫师，相信人会被恶魔附体，还相信用毒剂和草药能够驱散恶魔。另外，将报纸放在鞋尖也能起到驱魔效果，因为这样做恶魔在附到人身上之前需要一字一句地读，就会浪费很多时间。世世代代，这种祭祀仪式都在大橡树下进行。奎特女王沿袭古老传统的方式不只有语言，还有咕咕的笑声，尖锐的喊声或发出哑哑的声音，她通过这些让众人知道在他们的生活中除了耶稣还有其他一些神明。在南美，人们也把耶稣放在很重要的位置，因为欧洲的基督徒们不断地向奴隶们灌输他们的教义，目的是让奴隶们内心平静，觉得自己所遭受的一切都是命中注定。奎特女王身体力行地提醒所有人，虽然这些海岛上的土地归白人所有，但它们是被黑人开垦出来的，就比如"天使橡树"所在的那块土地，就是这样。

直到 1670 年之前，这块地都没有主人，这是一块没有统治者的土地，它被大家共用。1670 年，殖民化开始了，查尔斯顿被建成了查尔斯镇。英国国王查理二世建立了卡罗来纳殖民地，并将土地和一些特权分配给了他的 8 个亲信。这 8 个人当中有一位便是沙夫茨伯里的第一任伯爵，他在这里开创了他的个人产业，并用两点承诺招揽来自欧洲的殖民者——土地私有化和信仰自由。卡罗来纳成了许多宗教逃亡者的庇护所，他们有的来自雨格诺派、犹太教、长老教、清教以及大西洋彼岸的浸礼会，还有许多来自瑞士兄弟会的人，也许他们当中的某一个就是现在这里某人的祖先。第一批来到这里的殖民者中，有一位影响力极大的男人，就是奎克·雅各布·韦特，他在 1675 年携家人来到查尔斯镇，并向他的投资人承诺，5 年之内在琼斯岛上建起一座有 30 座房子和百名居民的城市。因而，他得到了 5000 公顷土地。他的计划失败了，但他依然占有着这些土地。不久，他的弟弟亚伯拉罕也跟着他一起做开发项目。韦特家族占有的土地就包括"天使橡树"所在的位置，土地登记簿上在 1717 年 7 月 25 日登记上了亚伯拉罕·韦特的名字。来到这里的欧洲人被慷慨地赠予地产和奴隶，韦特一家也得到了这些。值得注意的是，那里有奎特所说的奴隶制度反对者，和在南方的情况大不相同。产生了一种在欧洲也很难存在的有贵族的封建制。雨格诺派开展的制酒和造丝业也失败了，倒是稻米和木材买卖及靛青制造业很繁荣。一代代黑人劳作在种植园里，一代代白人坐收利益。1739 年，就在这附近发生了北美历史上最大一次奴隶起义——史陶诺叛乱。这次事件也因一张画而特别著名，画面展示的是黑人们从琼斯岛去往自由的西班牙属佛罗里达的路上的场景。这是一场为寻求自由而制造的充满暴力的叛乱，但很快被镇压，大部分参与者和他们的首领杰米被杀死，存活下来的反叛者被卖到了加勒比。岛上的环境对于白人来说过于炎热潮湿，他们还受到疟疾的威胁，然而，第一批坐船从非洲来到这里的奴隶却对疟疾有抵抗力。所以，种植园主人主要生活在大陆上的城市里，奴隶们则一直在岛上劳作，并宁愿安静地待着也不愿到南方的任何地方去。他们延续着自己的传统，包括与土地打交道的方式、饮食习惯、音乐等等，因此，古拉文化才得以产生，它是一种非洲和欧洲生活方式在农村地区的混合物，他们的旗帜上画着一棵树。这块土地上，韦特这个姓氏在第五代时被玛莎·韦特画上句号。她于 1817 年嫁给了种植园主尤斯图斯·安吉尔（Justus·Angel），所以这棵大橡树才有了安吉尔这个名字（安吉尔的英文 Angel 是天使的意思——译者注），实际上和"天使"没有半点关系。那个时候，岛上有190 个白种人，2666 个黑人，6 个自由黑人。大地主坐拥大量财产，过着封建地主的生活，这一切直到 1861 年 4 月 12 日早晨到来之前都非常稳定。而从那一天开始，从前的一切不复存在。

现如今，人们已经很难想象得到曾经这里的种植园经济看起来是什么样子。城市延绵不断地扩展，这里一栋房子，那里一条私用便道，那边还有个高尔夫球场。许多事情都掌握在投资者手里，当地人把这些投资者叫作"发展者"，听起来友好一点。发展者也是威胁那棵大橡树的人。有一块从 1991 年就开始归城市所有的土地，被用 33 万美元卖了出去，投资者要在上面建 500 座公寓，这块地离大橡树只有 150 米远。查尔斯顿市为"天使橡树"设立了专门的筹款部门，目的是依据《低地国家开放土地信托》能够得到这块土地，并能扩建这个公园。这个城市意识到了自己的历史责任，尝试将古拉人种合并在一起，奎特女王一马当先推进此事。

从1959年开始，"天使橡树"就落到了开发者手中，因为，当时安吉尔家族的最后一位主人把土地卖掉了。这里和100年前相比发生了许多变化，从1861年4月12日起，当南方联盟军炮轰位于查尔斯顿海湾内的萨姆特要塞，以此展开美国内战，约有60万人在这场战争中丧生。白人们从各岛屿逃亡，相反，许多黑人继续留在种植园里工作。另一些黑人则加入了联盟军，和他们曾经的主人作战。这些海岛成了社会的实验区，人们尝试应该在战后如何分配这个国家的资源。在林肯活着的时候，被解放的奴隶可以得到一块土地，当然，岛上大部分土地已经在战争期间卖给了北方的投资者。大多数古拉人被"40亩地和一头骡子"的土改方案骗了，奎特女王曾发问："我们等土地和骡子等了150年，今天的我们要一头骡子又有什么用呢？"种植园变成了农场，奴隶变成了贫穷的黑人，像安吉尔一家那样曾经的种植园主人至少还有房子和土地。白种人曾经拥有权力和金钱，今天，他们依然拥有这两样东西。

"隔离但平等"委婉地将奴隶后裔隔离出去，其实就是种族隔离，国家规定的种族隔离在南卡罗来纳州几乎随处有效，除了在"天使橡树"附近。这棵橡树是很少的黑人与白人可以共同逗留的地方之一。在这里，他们被允许共处，可以一起跳舞，也许会跳一种由朱巴舞演变而来的查尔斯顿舞，这是一种过去的种植园舞蹈，跳这种舞的时候要用身体作为打节奏的乐器，因为在过去，奴隶是禁止敲打乐器的。

投资者也会成为植物的朋友——这一点被 1959 年买下"天使橡树"的那个男人证实了。他是能给树木带来幸福的农业协会成员，他将死掉的乔木和灌木移除，甚至还给弗吉尼亚橡树施肥。"天使橡树"的下一任主人是被大家称为飞毛腿的圣·埃尔默·费尔克尔，是他发现了这棵树的美好之处和它的经济潜力。飞毛腿于 1964 年得到这块土地，也是在那一年，种族隔离制度通过美国《权利法案》被彻底废除。他砍掉了"天使橡树"周围 60 棵树，以使它能够更好地接受阳光照射。他在橡树周围建了围栏，从此后，想要进围栏里面需要交 1 美元。围栏经常被拆掉，每天夜里，人们涌进这块地方，在树皮上刻上他们的名字，开欢庆派对，许多人在这里滥交、吸毒，甚至有人在这里被杀掉，警察来了就直接把尸体埋了。后来，地方政府出资加强对大橡树的保护。飞毛腿费尔克尔先生在 1988 年陷入了和查尔斯顿市市长的一场激烈论战。市长想把"天使橡树"划为国有资产，他的理由是："天使橡树"是密西西比河东岸最老的树，因此具有国家意义，而现在树的实际情况与它的自身价值不符。费尔克尔则威胁市长，说要把他告上高级法院，他嘲笑市长为了要开个圣经博物馆而想要继承费尔克尔家族传了 200 年的家庭圣经。此外，还说市长没能力照顾好"天使橡树"，说就连他的孩子都能做得比他们好。论战的气氛被带有威胁性的话语推到了沾火就着的热度，连《纽约时报》都报道了这个事件。居民们在这场论战中是站在飞毛腿这一方的，抨击背后有国家议员支持的市长。议员们使用了爱国主义口号，称"这违背了美国梦和这个国家的一切"。这是一场关于"公共利益和私人财产到底孰轻孰重"的经典辩论。市长用直观生动的画面来描述大树充满威胁的未来——混凝土和停车场带来的梦魇将围绕着它。市长表示，市政府将长期劝说飞毛腿先生以 127900 美元卖掉这棵树的所有权。

若能像以前一样，允许大家在晚上去看大橡树，那真是非常好的一件事，去体会一下，树影是如何渐渐变淡，直至最终完全变黑，四周响起夜里独有的嘈杂声。然而，"天使橡树"的管理员是完全不讲情面的，到了下午 5 点钟大门就要被锁上，人们不得不离开这个充满古拉人智慧的地方。离开的过程中，一直会听到一句古拉人的智慧箴言，这句话不仅适用于解决美国南方的历史问题，甚至对所有人来说都是一句受用终身的话——"要治愈树，定要先治好它的根"。

广岛幸存者

日本五针松（Pinus parviflora）　　俗名：宫岛矮五针松或日本白松

390 岁；高：117cm；树干周长：111cm
美国，哥伦比亚行政区，华盛顿，苗圃；
北纬 38°55′，西经 76°58′；海拔：12 米

　　这是一棵不允许人们触碰的树，而正是这种"禁止触碰"激起了人强烈的想去摸一下的欲望。想用双手去握住那苍劲有力的树干，其实根本握不住的，树干太粗了，比人的头围还粗。想抚摸由粗糙的鳞片拼成的树皮，每一片鳞片上都有一个柔和的小凹槽，里面发红，边缘泛灰，想用指尖一路滑过去，感受它粗糙的质感。想去摸一下这棵长成星形的盆景，摸一下它分布如此和谐的根部。弯曲的枝上覆盖着嫩绿的青苔，有个人提着喷壶边走边在每棵盆栽上方洒水，挂了水珠的青苔闪闪发光。当然，人们还想用指腹搓捻一下生机勃勃努力伸展的松针，它们如此美好，仿佛永远不会枯萎，像一簇簇绿色小画笔，极其健康。

　　它是一棵矮小的树，然而却是这里最高大的一棵。它不是最漂亮的一棵，周围摆放着许多如画一般形态优美令人着迷的小树，小树们的树枝像细细的红酒开瓶器，蜿蜒着伸向高处，紧紧攀在假山石上，像是历尽沧桑的古老树木又神迹般地长出嫩芽。这些都是极具艺术性的大师作品，其完美程度让人叹为观止，有落光叶子的小森林，还有完整的针叶林风景，有生得笔直却脱光树皮的老树，竟还长着年轻弯曲的树枝。这

里有雪松、银杏树、胡颓子和榆树，还有其他许多品种。它们的美首先在于造型，人们自以为懂得这些造型，就像人们自以为懂得冬季公园里树木，懂得它们如何光秃秃地站在那里却像极了表现主义素描画。它是这些小树中最高大的一棵，树枝伸在其他树之上。另外，它可能有着世界上最离奇惊险的身世。

在"小男孩"爆炸之后的43秒里，这枚重4吨的原子弹用冲击波毁掉了这座城市的80%。一击之后，7万人丧生，另外，超过6000摄氏度的高温不仅让市中心的人类和动物全部汽化，还点燃了10公里以外的树木。在1945年8月6日这天，这棵老盆栽毫发无损地幸存下来。它当时在山木家的花园里，距离爆炸地点3公里。房子的玻璃被炸得粉碎，墙壁坍塌，所有家庭成员都受了伤，然而，只有这棵树和他家其他的小树，被一堵墙挡住了冲击波。尽管后来还下了具有放射性的黑雨，它们也躲过了辐射。这棵松树从1635年开始就在这里了，在山木家经历了六代人，代代相传，每一代人都认真学习刻在小木板上的培育盆栽技术，这些内容包括：修剪、去尖、掰弯、绑定、牵引和施肥。所有这些都基于考虑树的成长，考虑它的形态和未来，考虑如何让一棵原本能长到好几米高的大树只长成一棵矮小的树，如何通过被修剪和修饰长成一棵庄严高贵的老树。"盆栽"一词，由"盆"——栽种的盆和"栽"——被种的树组成。有一棵树在美国人杰克·苏斯缇克的照料下长大，杰克说他每天早晨想着这棵树醒来，每天晚上想着这棵树入睡，他没法想象，如果树出了什么意外他该如何是好。

这棵日本五针松或许是在严岛度过了它最早的青年时代，严岛是一个距离广岛20公里的满是山丘和森林的小岛。严岛是一个独特的、颇具灵性的小岛，因此产自于那里的盆栽就显得很特殊，尤其是老树，既稀有又昂贵，人们认为这些树是被山神抚摸过的。古时候，严岛是一个神圣的地方，世界知名的红色严岛神社就在那里，涨潮时，神社就立于水中央。佛教僧侣空海（774—835）曾住在这个岛上，在树林里坐禅冥想，时至今日，那片林子还有一部分被当作原始森林保留下来。有句话说"他点燃的火焰再也没有熄灭"，这句话是指广岛和平公园里的火焰的源头在空海的火炉里。历经数百年，严岛上不允许生孩子也不许死人，这二者都被视为不洁之事，就连今天，在这里意外死亡的人也会被立即运走，岛上没有墓地。以岛的名字命名的松树品种十分罕见，这里的树神圣不可侵犯。这棵年轻的小树第一次被修剪和塑形的年代，妇女们是被禁止登岛的。也正是那个时候，日本正在抵御外界的侵扰，尤其是来自基督教的强大影响。因而，日本政府采取了闭关锁国的政策，持续冷漠地背离整个世界200余年。由征夷大将军在1623—1651年期间执政的德川幕府展开了这场隔离行动，外国人不许踏上日本国土，日本人不准离开，偷偷跑去中国的人会被处以死刑。征夷大将军是盆栽艺术发烧友，盆栽艺术从8世纪开始产生于中国，11世纪被佛教僧侣传到日本。起初，流行于日本学者圈，他们把盆栽修成微缩的想象中的中国风景——他们一度被禁止去看的美景。那一个时期，盆栽都有统一的模板，后来，风格突然发生了变化。独特的叶子造型，荒诞的曲线，修出最稀奇古怪的样子用以卖个好价钱或当作昂贵的摆设。再后来，就发展出了自然的风格，艺术家们尝试将小树们养成它们高大的亲戚们的模样，但也要恪守一些规则和标准，比如：做成倾斜的树干或被风吹歪的造型；阶梯式瀑布形态或是自由笔直的形状；还有，树梢必须垂直于树干底部，而且树冠要修成不等边三角形，"广岛幸存者"就是这样。

1853 年，美国强迫日本打开国门，很快，日本便在 1867 年举行的巴黎世博会上第一次向西方世界展示了精选出来的盆栽作品。

今天，生活在华盛顿的日本人和中国人会在冬天聚在一起，摩肩接踵地站在一栋带有天窗的潮湿的房子里，一起观看和讨论盆栽。夏天，盆栽被搬到室外，以方便参观者看到各种风格的盆栽，两种文化在国家盆栽与盆景博物馆里得到了统一，盆景是说中国微缩景观艺术，盆栽是指日本的设计，更紧凑简洁，但少了几分绮丽。

这一切都要从一棵树说起，这棵树于 1972 年由中华人民共和国送给尼克松总统。尼克松总统当时并不知道该如何处理这件昂贵的礼物，只能把它移植到了华盛顿最东端一个风景如画的公园里面的植物研究中心。那里，冬天没有人散步，只有狗嗖嗖地穿过草坪，也看不到公园管理员。小山包上屹立着 22 根科林斯式柱子，从远处看，让人以为这里是希腊而不是华盛顿。这些沙石柱子曾经是国会大厦的一部分，但在大圆顶建成之后，这些柱子和整体画面很不搭，所以被移到苗圃所在的小山包上。中国赠送那棵盆景之后三年，加藤三郎（1915—2008）开始在日本搜集昂贵的盆栽，日本盆栽协会计划赠予美国人民盆栽，以祝贺他们 1976 年7 月 4 日的独立二百周年纪念日。1975 年年初，这些盆栽被运达美国，必须先送到马里兰进行为期一年的隔离检疫，"广岛幸存者"就在这一批盆栽里面。美国以此为契机建了盆栽及盆景博物馆，在这座博物馆里连孩子们都会保持沉默或满怀敬畏地低声耳语，就像他们在教堂的神像前一样。这些树看起来既优雅又庄严，人们不想打扰在冬季里休养生息的它们。

当美国外交部部长就这 53 棵盆栽致感谢词时，杰克·苏斯缇克正和他父母生活在密歇根州的农场里，他那时根本没听说过什么是盆栽，也不知道有朝一日他能成为世界最重要的盆栽收藏馆的馆长，这里的藏品包括"广岛幸存者"（Hiroshima Survivor）及约翰·纳卡（1914—2004）的作品"守护精灵"（Goshin），"守护精灵"是一座由 11 棵中国刺柏组成的小森林，是大师为了他的 11 个孙子培育出来的，它可能是世界上最著名的盆栽。杰克·苏斯缇克的祖父在 1918 年移民到美国，将家族姓氏改成克罗地亚姓"Sustic"。杰克在服兵役期间到了南朝鲜，当他偶然从车窗望向窗外，看到了路边的一株盆栽，他立即按了下车铃，跳下车走向了盆栽学校。他后来讲述道，"在那里，我被迷住了"，好的艺术会把人抓住、迷惑住，会对人施魔法，让人在那一刻深陷其中变得无欲无求。

这种艺术不是一成不变的，它处在动态变化中。所谓的"训练"真正意义在于：树会一直生长，要养这棵树的人可能 100 年以后才会出现，每个人只能陪伴这棵树度过它生命中的一部分时光。树可以让人变得更好，因为人不再纠结于自己的一些人生琐事，而是把生活重心放在了盆栽上。人必须适应树的生命节律，若能聪明地将一年时间分配好，盆栽在第二年就会长得更好。盆栽开的花朵和结的果实与在普通高度的树上是一样的，这就让人不得不考虑到让它们结在哪里、开在何处，比例是否合适，与树的整体造型是否和谐等问题。必须要非常密切地关注树，否则有可能会害死它。比如，有些针叶树不能用手摸，因为针叶一遇到人手上的油脂就会变成棕色，所以只能用剪刀剪。

苏斯缇克 1987 年从朝鲜回到美国，加入了盆栽俱乐部，并学习园艺。第一个对他产生影响的是美国盆栽领域之父——约翰·纳卡。那时候，盆栽通过电影《龙威小子》（karate kid）开始为美国大众所知道。剧中15岁的丹尼尔有整整4分钟待在黑暗的房间里，这个过程中师父教他熟悉盆栽的灵魂。这样做是为了让人除了树之外什么也看不到，只为更加了解树的性格和美，然后尊重并顺从它的特点。若想要了解树，人必须要成为树，这种方法来对待盆栽比对待高大的普通树更有效。也许力量落差也是一方面原因，人们会对比自己矮小的事物充满保护欲，有一种不论如何就是想要保护那个东西的情愫，养盆栽的人大概都有这种细腻的感觉。

苏斯缇克能当上盆栽博物馆馆长，完全是加藤三郎的意思，加藤是20世纪日本最受欢迎的盆栽大师，就是他，从私人手中搜集来了那53株送给美国人的盆栽。加藤认为：如果每个人都养盆栽，那么就能够实现真正的世界和平。正是基于这个想法，他才把盆栽作为礼物送给了当时的敌人——美国，每个联邦州一株盆栽，另外三株送给了政府。接着，在1980年，一份来自香港的礼物，同样是一个大盆栽，从此，在美国的日本人和中国人开始一起养盆栽。博物馆里还有许多盆栽出自美国艺术家之手，每一株作品都体现了艺术家的个人风格，全部都是杰作。苏斯缇克努力领会原作者的创作意图，并将其贯彻下去，就如同他在山木胜那里学会了该如何照顾"广岛幸存者"。

盆栽被赠予美国5年之后，山木胜亲自来到华盛顿。在前任馆长卸任之前，他站在自己的盆栽前长时间地默默流泪，当然，新任馆长也让他很安心，山木胜说："我的树在这里很幸福，我流下的是喜悦的泪水。"

潘多

颤杨（*Populus tremuloides*）　　俗名：美国颤杨，雄性

8万岁或更多；面积：44公顷；
重量：600万公斤；树干：47000株
美国，犹他州，25号高速路，鱼湖

　　这里超出时间和空间的维度，连个人的想象力在这里也触及了边界。当一枚微小的毛茸茸的种子随风飘来或顺水流到这块坡地，找到适合的条件，发芽并开始向地下扎根，那个时候，美洲大陆上还没有人类，欧洲大陆也没有，甚至亚洲和澳洲也没有人类生活，因为人类那会儿还在非洲大陆上。

　　潘多，这个传说中这颗星球上最老的生命，它的历史开始于至少8万年前。细细的树干上裹着有光泽的白色树皮，椭圆形的树叶长在长长的灵动的叶柄上，在超过40万平方米的土地上，将近47000株单体树干从同一个根系里长出来，共同组成了这个巨大的生命体，这是世界上最大最重的生命体。目前，经科学证实的比潘多面积大的生物只有俄勒冈州东北部的一株蘑菇，那是一株奥氏蜜环菌，有红棕色带鳞片花纹的菌盖，连在一起覆盖将近10平方公里的林地，寄生在上千棵树上，渐渐传播得越来越广，从树上汲取营养直至树死去。

　　去鱼湖的途中，经过平缓的山地时能体会到少有的动人心魄的感觉。一方面，这里是犹他州的绿色心脏，一幅人迹罕至的美景，美不胜收，

放眼望去，几公里都是绵延不断的山丘，像被球形的矮灌木镶了边，那些灌木球像被风吹来的一样，仿佛随时会随风继续在干燥的红土地上滚动。另一方面，是紧张，不知能否看到潘多嫩绿的如少女般柔美的叶子，还担心是不是早来了一两周，以及在海拔 2700 米之上到底会不会出现潘多，会不会只有寥寥几棵颤杨抑或是根本什么也没有？在登上最后几公里的时候，心里面越来越踏实，这里在 5 月中旬还笼罩着冬日的寂静，不必说新鲜的叶子，连花序还没有挂在细细的枝头。到处都是乱七八糟的树干，树干都是一组一组地生长，有的小树干看起来像一片小池塘。只有少数的树干笔直地相邻而立，其他成百上千的树干都紧紧挨在一起贴着土坡长。所有这些树都是颤杨，它们通过植物性克隆繁衍，也就是通过根系或树桩向外再生。如果是不太了解它的人，可能会以为这是一片桦树林，因为它的树皮和桦树一样是有光泽的浅灰色，然而它们是杨柳科。人们还会误会这里的每一棵树都是独立个体，因为它们看起来就是彼此之间互相独立地长在地面上。不去看一棵树干上的不同树枝，而去看所有这些共同构成一个有机体的树干，它们其实是克隆的兄弟姐妹。在秋季，这里一定美如画卷，每一株克隆个体会因为生长时间、个体特征、生长位置、光照和土壤情况的差异而形成不同的颜色，这简直是色彩的节日。这里不像普通的阔叶林那样呈现斑斑点点的色块，而是像用宽宽的扁头画笔满涂出来的颜色，数千棵树干上面几百万的树叶同时在秋日里努力释放，即使其中某些地方已经光秃秃了，其余部分仍是一片金黄。

这些克隆体中的一株便是潘多，它是一棵雄性样本，1968 年被科学家伯顿·V. 巴恩斯发现，它的名字潘多（Pando）由拉丁文 pandere 而来，是"扩散"的意思。想要找到它并不容易，尤其不该在这个时间来找。只有一圈一圈的参天大树干，天气非常阴，暴风雪随时可能到来。没有路标指明它在哪儿，湖边那些穿着厚重的垂钓者也没有一个认识路。25号高速路把潘多从中间一分为二，也就是说人们有可能就这么简简单单地驾车穿过世界上最古老的生命体，门外汉只通过外观很难将潘多和它的邻居区分开，人们经常会问："它从哪儿开始？到哪里结束呢？"道路左右两边有上千棵颤杨，有些地方加了栏杆，偶尔会看到路旁有动物尸体，显然这些尸体是不会被人移动的，于是鹿的尸体就在路边腐烂，肚子肿胀或者连皮毛都烂掉了。

穿过打着旋的暴风雪冲进鱼湖景区的门房，这是一座昏暗的小木屋，建于20世纪20年代，建筑风格是美国西部风。几辆大容量的皮卡停在门前，里面闪着霓虹灯，贩卖所有钓鱼者、狩猎者和露营者需要的东西。一杯用机器制出来的甜得出奇的热巧克力也会让他们觉得无比幸福。门房里的老妇人会向人描述潘多从什么地方开始，边说还边用小棒在地上圈圈画画。她说，令人气愤的是，山下面里奇菲尔德国家森林公园的人很少给这些杨树做宣传，多来点儿游客不会对树造成伤害的。她有时候觉得自己被遗忘在山上了。

在潘多里面散步可不像在普通树林里那么简单，首先斜坡地面就不一样，低处还生长着茂密的矮灌木刺柏，地上有横七竖八倒着的树干，有的地方还长着松树，穿过树干之间的缝隙可以窥见远处的湖面。天气变化频繁，刚刚那会儿还在刮风下雪，现在行走起来就轻松多了，天空湛蓝，一切都看起来明媚又友好。眼前突然出现的东西吓人一跳，那是根带毛的细细的腿，上面还长着蹄子。上千只长在树干上的眼睛好像在观察行人，那些"眼睛"是树枝掉落之后，原来树枝的位置的疤痕，疤痕透出内部的深颜色，其实就是节孔，节孔的两侧有被称为"中国胡子"的增生组织，看起来像友好的眨动的眼皮，令人几乎觉得它们在抛媚眼。路边的一些树，树干上较软的树皮被划破，刻上心形符号和一些名字，有些字刻得非常扭曲，然而却总是能从中看出欢喜和悲伤，看到谁是如此地爱着谁。当然，不论如何，爱的话语间都刻上了"永远"。

颤杨的单一体茎一般活不了太久，最多 150 年，但即便这个年龄也让人看不出来，因为它们体态纤细，树皮泛着年轻的光泽，不是白色，不是象牙色，也不是灰色，而是一种有金属质感的独有色泽，那是一种用语言无法命名的色调。

"是树皮给潘多带来了厄运"，特瑞·霍兹克劳向一位德国女士这样解释道，霍兹克劳是一个常见的德国姓氏，当然有过度夸张的成分（霍兹克劳的德文是 Holzklau，字面意思是偷盗木材——译者注），但特瑞对此表示很开心，他说，他一个美国森林管理员，竟然有可能来自德国的盗伐木材家族，真是太奇妙了。他介绍说，颤杨的树皮含有叶绿素，尤其是年轻的树，含量更大，树干和树枝能够像树叶一样进行光合作用，正是叶绿素的作用让它的树干闪烁独有的光泽。而且，这种树皮特别合野生动物的胃口，要是放任不管，鹿很快会把潘多啃死。霍兹克劳想尽办法多射杀一些鹿，多死一头鹿对他来说都是好事。他把腿架在桌子上，双手在脑后交叉，和善地说："鹿肉很好吃。"

鱼湖国家森林公园的管理处位于里奇菲尔德南部，那里是塞维尔县的首府，位于从丹佛通往洛杉矶途中的所谓"摩门走廊"，这里 96% 的居民笃信摩门教。大街上满是穿着朴素而整洁的人，随处可见熨平的裙子和浆洗过的衬衫，就像在过去的盐湖城，这是一个跟不上时代潮流的城市。这里的人把自己视为 10 个消失的以色列族群中的一员，在公元前 598 年耶路撒冷被毁之后，他们的祖先移民到了美洲大陆。这些人在这里又分为两支——尼腓人和拉曼人。这两伙人因在宗教问题上意见不统一而闹翻，拉曼人在 500 年将尼腓人全部杀掉，因而被神明责罚，将他们的肤色变暗，并让他们做了印第安人的祖先。最后一个幸存的尼腓人是普罗菲特·莫罗尼，他在 1823 年以天使的形象出现在佛蒙特州的小约翰·史密斯面前。因此，史密斯创立了摩门教，也就是后来这里所发生的一切的源头。离开细细的颤杨和绿色的灌木球，一路向南开一个小时，周边景物突变，渐渐尘埃四起，令人窒息的岩石层由红色和米色层层交叠，让人不禁想起距此不远的著名峡谷——纪念碑谷，地质岩层堆积起来像油画一样。

特瑞·霍兹克劳是一个大胡子男人，身穿格子衬衫，在办公室也戴着鸭舌帽。他用武器捍卫拥有武器的权利，蔑视政府，认为交税是最让人不悦的事情。他没有进一步详细讲，他是如何来到这个野外森林并成了森林管理员，以及一切关于这个靠国家税收资助的国家森林公园的事情。然而，出于喜好他能解释潘多是如何生存的。"要懂这棵树，就必须要说说它的性。"霍兹克劳说着把脚从桌子上收回来。美洲颤杨有两种繁衍方式，有性繁殖和无性繁殖（植物性的）。在美国东部，颤杨们主要靠风的帮助来繁育后代，也就是有性的；在西部则常常要靠克隆，因为这里太干燥了，种子很难固定在土里。克隆繁殖的意思是：树根在地下伸展并从中长出新的分支，此过程源自荷尔蒙的刺激，许多树干死了之后，树就会长出新的分支，所有这些分支都拥有共同的基因信息，若树感觉到来自外界的威胁，它就会生出更多的分支，这完全就是一个荷尔蒙平衡的问题。有性繁殖的优势很明显，即树会结合来自雄性和雌性个体的基因，并能够结合来自更远处的基因，这样就实现了基因的多样化，使树能更容易适应不断改变的环境。克隆繁殖在这方面要差一些，它只是个克隆体。然而，潘多却用这种方式活了下来。又或许，正是用了这种方式它才能活下来。具体原因，人们了解得还不太多，也许这种情况下，还存在有性繁殖的克隆体呢。

除了国家森林公园，特瑞·霍兹克劳还为犹他州的州立大学工作，实践家遇上科学家。卡伦·E.默克是那里的分子生物学家，她是现如今对潘多研究最深入的人，她不但能指出潘多的外围边界，还能通过树干的大小和受气候影响的数据判断其年龄，而且，她还发现了潘多的一个基因特点，即潘多是三倍体，也就是说它有三组染色体而不是两组。潘多虽然是雄性，但看似并不能结出果实，它年复一年地生产花粉，全部是徒劳，从来没有附近的雌树成功接受潘多的花粉并育种。它只能靠自身进行无性繁殖，且千百年来都非常成功。大面积向外扩张对这棵树本身来说是很有好处的，当一处根所在的土地干涸了，远端的某处根可以从土地里吸收水分，供给全身，同理，当某处根所在的土地贫瘠了，一些分支可以在其他地方吸收养分。

对颤杨来说，造成光线危机的是长在克隆体范围内的针叶树，它们会将身边的杨树挡在阴影里。这一点，对于潘多来说最好的解决方式就是有规律的火灾。潘多之所以能活这么久，原因在于总是在一段理想的时间间隔后遭遇火灾。火灾不能太频繁，这会使潘多没有足够的力量再生，但要频繁到足以消灭搞破坏的针叶树，只留少数几棵零星分布在潘多众多的分支里。潘多还有这样一个特点，即在整片丘陵都着火的情况下，它的根系仍旧可以完好无损。于是，就能在接下来的 2 至 3 年里再生长出来，这时，被烧成炭的土地变得较之前肥沃，而且周围已经没有潘多的竞争者。

霍兹克劳跳起来用笔勾画那几棵针叶树是如何围着潘多的，其实画得不怎么好。令人高兴的是，潘多的范围内只有那么几棵针叶树，然而，它们中大多数临死前都超过了百年树龄。很少一部分年幼的分支能顺利长大，潘多没有一个稳定的形态，分支的树干并不是按照不同的年龄层分布且高度各异，而是因野生动物的啃咬和破坏，缺少年轻的树干，致使潘多很难在自然状态下返老还童。在 20 世纪 90 年代，人们将这片区域的 15% 用栅栏围起来，并特意点起山火，目的是使新的分支可以长出来且不被动物啃咬。鹿太爱潘多，它们爱它远胜过鱼湖北部的其他树木。有时，人们会看到鹿们贴着栅栏走，边走边寻找能钻进去的小洞，有些鹿甚至跳起来越过栅栏跳进去，或者跪下来从栅栏下爬进去，然后就再也出不来了，它们可能是渴死的，因为栅栏里面没有水源。雌鹿们无论如何都想进去，它们还带着孩子进去，一代又一代，鹿好像受了这棵树的蛊惑，这也许与向阳坡的土壤有关，也许和三倍体有关，到底什么原因，我们不得而知。人们推断，鹿之所以越来越多是因为它们的天敌——狼的数量大大减少。鹿对潘多的伤害众所周知，但疾病和害虫的伤害也同样严重。或许，穿过潘多中间的那条公路也一直在伤害它，它扮演了一条分界线，不仅在地面上开辟了一条林荫通道，也在破坏着这个生命体地下的部分。卡伦·E.默克及其合作的科学家们认为，潘多每况愈下的现状与环境变化有关，干旱会令分支死去，根系能吸收到的用以长出新分支的养分越来越少，克隆再生能力也变弱了。当体质变差，它便失去了与虫子和菌类对抗的能力。特瑞·霍兹克劳不想听这个论调，他不相信人类行为造成了全球变暖。他说，很早以前地球就开始变暖了，"气候变化论"只是政客们和科学家们狼狈为奸，只为说服老百姓出钱治理环境。

尽管如此，他还是和科学家们合作了。两年前，他们开始了三组实验，建了一道新围栏。第一组，在划定的范围内点火；第二组，将潘多周围的刺柏都移走了；第三组，进行选择性修剪。到今年夏天，他们就会得到第一批实验结果，并知道通过哪种方法能帮助潘多得到最好的休养。在特瑞看来，最有效的是长出更多的分支，分支越多，潘多活下去的概率越大，特瑞自己也会感到越幸福。

每天傍晚，在通向"颤抖的巨人"（人们也这样称呼潘多）的最后一段山路上，夕阳的余晖耀得满山通红。上方是清冷的色调，一片银和灰相间的密林。途经一片烧成炭的树木残骸，一整面坡上的树被几个月以前的森林火灾烧毁了。刚刚下过雨，四周蒸腾起烟味，能使万物生长的火，正在黑色的焦土下发挥着功效。到了明年，这里可能会有细小的再生树干伸向天空。这块 20 年前被森林管理员有目的放火焚烧的区域，也能被认出来。那里是几百棵年轻的树，它们还很矮小纤细，一棵挨着一棵，都是克隆的兄弟姐妹，它们确保了潘多的未来，若周围的老树干死了，就要靠它们来给它提供养分。

在暮色中行走在潘多中间，看向树冠，会看到树叶在风中抖动，此时便能理解为什么这树的品种叫"颤杨"。它们的名字是由法国裔加拿大林业工人取的，他们认为颤杨的叶子之所以抖动，是因为它在害怕，因为钉死耶稣的十字架就是用这种树的木头制成的。在潘多的树干之间，零星坐落着几座度假小木屋，建这些房子时，人们还不了解潘多的生存形式。这些房子里昏昏暗暗且空无一人，只有夏天才有人过来住。天气潮湿阴冷，每走一步都能听到地上沙沙的声音，因为那里铺满了前一年的落叶。这些叶子呈浅褐色，卵形，边缘带有小锯齿，纹路清晰，微微有光透过的样子像柔软的中国团扇。拾起几片，展开抚平带回家，等日后某天拿出来感慨一番，就是这样一个生命体，这里其他任何一种生物和它的生命日历都不能相提并论。

狐尾松

毛松（*Pinus longaeva*）　俗名：长寿松

5065 岁；高：5 至 9 米；树干周长：5 至 6 米
美国，加利福尼亚州，白山，因约国家森林

　　终于到了加利福尼亚，离开信摩门教的犹他州，在一片苍凉中穿越赌城所在的内华达州，经过几个小时寂寞的行驶，沿途能看到老旧的汽车旅馆，旅馆的大门在风中一开一合，还有盐湖和采矿村庄，褐色的岩层地貌。然后，眼前突然出现一片闪闪发光的绿色风景，就像在沙漠里突然出现了绿洲。一片宽阔的山谷，没有一块高地，山谷里流淌着向洛杉矶供给淡水的欧文斯河，这里被两座山脉包围，东边的白山和西边的塞拉内华达。这是一处让人呼吸畅快的景色，这里通向未来，通向无数种成功的可能。

　　尽管这是一个关于失误的故事，甚至有真真假假不同版本，倒也因此成了一个被好好保住的秘密的故事，这个秘密引人产生无限遐想，也给予了人们一些馈赠。在白山有一棵生长了 5065 年的无名长寿松，在前不久才被确定树龄。因为它是世界上最老的单体树木，所以人们为了保护它而没有公布它的具体位置，以免它和在内华达州的同类"普罗米修斯"遭受同样的命运，后者在 1964 年被一名地理专业的大学生砍倒了。在这群山之中，还生活着著名的玛土撒拉，它在"普罗米修斯"死后，一直到这棵无名树被发现之前，以至少 4839 岁高龄位居全球最年长排行榜榜首，它同样因被保护而未被标出位置。与其他 8 棵超过 4000 岁的老狐尾松一起生活在一个通风的北坡，人们徒步即可走到那里。

在海拔 3000 米的朝阳坡上，在五月底已经没有雪了，对于生手来说在上面行走也不是难事，只要他们能忍受这个高度（即没有高原反应）即可。玛土撒拉小路是一条盘山游览路，正好 7 公里，即便独自一人也可以走完全程。但是，刚开始几分钟的轻松很快就没有了，小路变得泥泞湿滑，北坡的山路是一分为二的，碎石铺的路到了某一位置突然就没了，周围没有人，天色转暗，忽然下起雪来。危险地攀上岩壁，一直在松树间穿行，树与树之间的距离都恰到好处，好似一群坚硬的雕像，不论是活树还是死树。这里不再是一片森林，而是稀疏的并存体。红色带有条纹的木头，扭成螺旋状，并不是因为像有些人说的"风的缘故"，而是因为许多针叶树就是这样生长的，拧着劲儿向高处长，从长寿松身上大家可以清楚地看到这个特点。由于这里的大环境就是常有暴风雪，使得松树掉了许多树皮，它们变得粗糙且赤裸，而后又被雨水冲刷得特别光滑，好像是置于自由博物馆的艺术作品。因为缺少保护内部组织的活树皮，针叶都集中生长在少数完好无损的树枝上，看起来像毛茸茸的画笔。有的长在特别高的位置，有的长得很低，形状不规则且风格怪异。此外，死去的树木依然排列整齐，一眼望去，从外观上很难与活树相区别。它们让人想到屈膝跪地的土地精灵，想到低下头的长颈鹿，想到带窟窿和裂缝的手工制作家具，以及康斯坦丁·布朗库西或者亨利·摩尔的打磨光滑的雕塑作品。

这些树并不都很高大，狐尾松之所以叫"Bristlecone"这个名字，因为 cone 指它成熟的松球，松球外面包裹着木质的鳞片，还带有细长且向外弯曲的、坚韧又扎手的刚毛，这也就是"bristle"所表达的"鬃毛"。所以，它名字的意思其实是，长寿的带鬃毛的松球。在白山地区，有三个近亲品种，它们生长缓慢，长在生物带的最顶端，那里没有竞争对手。环境越阴冷潮湿、土地越多石且贫瘠，对它们来说越好。所以，那些最老的、抵抗力最强的、最弯弯曲曲的树都生长在最毫无遮挡的地方。除了它们，没有任何生物能抵御这么恶劣的环境，连害虫都不行。在这么高的地方，一年的生长期只有45天。树的改变非常细微，年轮十分密集，木头富含树脂且硬度很高。松树为生存在这块地区，可以说做好了万全准备，它们的针叶比阔叶含汁水少，因而能更好地抵御寒冷和干旱，整年都能进行光合作用。即便频繁出现恶劣天气，甚至全年都是，也没有问题。此外，狐尾松很少掉落针叶，长寿松能把针叶保留在树枝上长达45年，因此节省了许多能量。

万般无奈，由于路途太艰险，不得不往回走，打算明天再尝试。说不定明天就能找到路了呢，或许天气就好了呢，也许明天就有人同行了呢。暮色降临，想象着滑落到山下，在某个地方挨冻一晚上。停车场上已经没有其他车了，连游人都走光了，在这里是真的会迷路的。通向山谷的路蜿蜒崎岖且有许多急转弯，从地质学上讲，这里是地堑。塞拉内达华山顶在暮色中发着光，惠特尼山是全美除了阿拉斯加之外最高的山峰。冷空气逐渐减弱，周围的松树也越来越少，随着周围不断变暖，路两旁出现了许多干灌木。苏黎世居民点（瑞士移民在美国的一块居住地）只能从地图上找到，到处都看不见房子，因为瑞士移民许久之前就被勒令搬离了。接下来又是一件少见的奇事，在风景如画的毕绍普，正在举行一年一度的骡子节，来自全国各地的人拉来一车一车的骡子，以对品性好的骡子进行表彰。若没有这些骡子的坚忍不拔和勤劳肯干，西方的殖民是不可能实现的。四处充满了骡子的嘶鸣、剐蹭声，空气里弥漫着动物的气味，这里就是这样一个特殊的地方。

当埃特蒙德·舒曼在1953年从亚利桑那州来到这里，在那个激动人心的时期产生了"树木年轮学"。这个学说的创立者是天文学家、数学家安德鲁·艾力库特·道格拉斯（1867—1962），他一直在亚利桑那州立大学研究这个理论，直到老年。该理论能够依据树的年轮推测过去不同时段的气候变化。道格拉斯少年时期就有了这样一个想法：地表环境与呈周期性出现的太阳黑子之间应该存在某种联系。后来，他想通过年轮的帮助来证明这一点。"树木年轮学"的基本内容是：树会在环境条件好的年份长出宽的年轮，在环境不好时（比如干旱）长出的年轮特别窄。在极好的和极差的两种情况下长出的样子特殊的年轮被称作"事件年份"。一个地区所有的树都按照这个规律长出年轮，即便不是同一个种类的树。不同树干的横断面可以拿来做对比，通过所谓的"比照记年"的重叠技术能够推出时间轨迹，在道格拉斯时代，"树木年轮学"已经算到了700年。道格拉斯打了上千个钻孔来做研究，因为在美国西部这个地方生长着全世界最老的树，这里非常适合做研究。他一直没能证明他的太阳黑子理论，但却成功获得了最具决定性的考古发现，也就是阿兹特克帝国房屋的修建时间，是通过美国土著遗址里的木制栏杆发现的。那些在新墨西哥州贝博罗博尼图的木头生长于1111年，美国移民史在道格拉斯的研究下展现了新面貌。现在人们认为，贝博罗博尼图是一处有800间房屋的建筑，从828年开始有人居住，300年后，人们离开了这里，离开的原因很可能是一场大干旱。干旱的原因是贝博罗印第安人大量砍伐查科峡谷周边森林，造成了地下水位降低而不再能为人们提供生活用水。

　　道格拉斯曾经的助手埃特蒙德·舒曼也研究狐尾松，正是他发现了玛土撒拉和其他20棵超过4000岁的老树。他是通过森林管理员阿尔文·诺伦才注意到这块地方的，这位管理员发现了一棵特别粗的松树并为它取名"族长"（Patriarch）。这棵树周长11米，有1500岁。舒曼做了无数的钻孔研究，但许多实验都停留在整理数据建档阶段，就连无名大松树都是在70年以后才发现的。舒曼自己仅在毕绍普市后面的山里做了6年研究，他在50岁生日到来之前死于心梗。

　　由舒曼发展起来的狐尾松年代学对校准放射性碳定年法有革命性的意义。这里的树特别适合做此类研究，因为它们死后因空气稀薄而不易被腐蚀，很难烂掉。就像岩石上伸出的一节手指头，其他的从几千年前开始就倒在地上。借助在这里找到的大树的木头，人们用树木年代学理论推算了之前9000年的情况，一年接一年，没有空缺。现如今，大部分人都使用霍恩海姆的年轮曲线，因为用这种方法做研究时要使用中欧栎树，其年轮比白山地区的松树的年轮更宽，而白山松树的年轮在1/10毫米左右，不能为测定碳-14原子衰变提供太多材料。霍恩海姆曲线可以推算到公元前10461年，用它可以知道原始木屋的修建时间。然而，在白山地区，人们的研究内容更丰富。舒曼的继任者亨利·迈克尔（1912—2006）借助狐尾松推测出了金字塔里栏杆的时间，并指出：黎巴嫩雪松远比人们一直以来所认为的要年轻。而黎巴嫩政府坚决否认他这种说法。

　　骡子节之后的第二天早上，我们再次踏上通往舒曼·格罗夫的路，今天一定要成功见到玛土撒拉。驾车一小时，这次路已经完全熟悉了，就像一直以来在美国的感觉，感觉可以在这里住下来。很快把这里当成家，因为所有人都会很快融入这个不断改变的国家。前一夜下了雪，不过这一次倒能找到路了，一位森林管理员的提示起了很大作用，当不知道往哪儿走的时候就往低处走，因为玛土撒拉和它的邻居们不在最高的地方。令人高兴的是，还有几英里它们就要出现了，这些矮小弯曲的、这个星球上最老的树。新雪上有松鼠窄小的脚印，没有人类的踪迹，四周一片寂静。雪变得更加厚重，很潮湿，由于空气非常稀薄，我们气喘吁吁步履艰难。接下来是一处陡坡，这里一定每晚都有雪滑落下来，把路给埋起来了。训练有素的登山者一定能驾轻就熟地克服这种情况，而我们……只有无言的绝望，没法突破这条白色的战线，最终还是垂头丧气地原路返回，沮丧且挫败。而两旁从原始时代就立在这里同恶劣环境抗争的树们，脸上清楚地写着"无所谓"。

当东·卡瑞数清楚年轮，进而发现自己砍倒了世界上最老的树，那时候他的心情是怎样的呢？这棵树被他称为WPN-114，而他并不知道其他科学家已经在研究这棵树了，并给它取名"普罗米修斯"。卡瑞日后的学术生涯走得很踏实，但人们永远一提到他就想到那个来自北卡罗来纳州的头脑发热的大学生，在打了4个失败的孔之后决定把树砍倒，专用钻头到现在还嵌在树干里。卡瑞的研究对象是"小冰河时期"，他想借助对照纪年法来证明小冰河时期开始于公元前2000年而非15世纪。不过，无论如何他都没有必要砍倒一棵这个时期的树来做研究，也许是初生牛犊的勇气支持了他，不然他的观点根本立不住脚。1964年8月6日之后不久，这件事被公布于众，报纸大篇幅地进行报道，这是个巨大的丑闻。研究所人员参与进来，还有"普罗米修斯"的命名者自然科学作家达尔文·兰伯特，他情绪激动地说："世界上年纪最大的生物被以科研的名义杀死了，这是一场谋杀！"关于卡瑞为何要砍树，外界流传着各种版本的说法，最可信的一个版本是"他没时间等他的备用钻头被从瑞典运送过来，为了他的夏季学期奖学金不白白浪费，他必须采取行动"。而他本人一生对此事的描述一直含混不清。砍伐这棵树并没有违反法律，卡瑞是征得过森林管理员允许的，负责人唐纳德·考克斯在之后做出解释，卡瑞当时的请求看起来是科学可信的，另外，"普罗米修斯"既不美观也不是地标性存在，"没有人会多走几百米专门去看它"。长远来看，砍倒这棵树对科研和环保都是有意义的，树上锯下来的木片比细小的钻孔要更适合研究，现如今"普罗米修斯"被分成若干大块放在各个大学以及伊利的会展中心。丑闻事件之后，"普罗米修斯"周围的区域被宣布成为国家森林，从此不仅禁止砍伐，连倒在地上的树干都被保护了起来。此外，还决定将玛土撒拉的外貌特征和位置保密，假若有人想去看它，只能凭借猜测。

即便不是最出名的，至少是最粗的。"大族长"生长在20公里以外，有一条小路直通向它。护林人警告大家"这个季节，那条路十分难走"。除了给出这句警告，她不强迫任何人不要去，只是说"出了问题，自己负责"。雪地吉普在这种情况下被证明特别有用，宽大的轮胎抓进雪里，下面是湿滑的泥浆。眼前呈现出这样一番景象，许多白色的小雪包，里面是深色的污迹，长寿松们呈现出各种各样的姿态，螺旋的、开裂的、长着苔藓的、活着的和死了的，是一种独一无二的形式与颜色的结合。"无名树"就立在这些树当中，也许它就是那边那一棵，又或许那棵太高了，最老的树是最矮的，也就是这边长着独特针叶的这棵。人迹罕至的景色虽然美好，但是也确实有点儿吓人，偶尔会突然怀疑要发生点儿什么不测，一瞬间乱了心跳。12英里之后，再无路可走，雪花被风卷起来堆积得老高，"大族长"在这雪坡后面很远的地方，徒步很难到达，所以，刚才以为是"大族长"的那两棵树其实都不是。倔强地拖着沉重的步伐走向其他树，在它们光滑的树干上摩挲，其实它们都特别美，尤其是已经死掉的。远处突然出现一个红点，一辆车逐渐靠近，会是谁呢？希望在这个可以持有武器的国家不要遇到神经病。

约翰说他彻底是个疯子，并自我介绍是来自俄勒冈州的水管工，他追寻树木，是一个拍摄自然景观的摄影爱好者。暮色降临，我们回到车队里，又不断地在造型别致的树旁停下，因为不是一个人在路上了，所以约翰也放松了下来。他不再下车，因为他庞大的身躯行动太迟缓了，他将相机伸到窗外，那是一个特别大号的长焦镜头，只能拍摄比较远的画面。最后，他独自离开了车队，那个小红点越来越小，直至完全消失，剩下的，唯有一片寂静。唯一的噪声是自己的呼吸声，放下了所有思绪，忘记一切杂事，甚至连前两天那令人精神错乱的、印在脑海里挥之不去的一幕也在这一刻消失了。白发苍苍的印第安老太太休休尼，坐在独臂的流浪汉面前，不动地方，一枚接一枚地向擦得锃亮的容器里投硬币，发出清脆的声音。一座年久失修的房子，旁边是一个狗窝，狗窝前是一只拴着链子的小狗，小狗可怜兮兮地叫着。突然，一个轮椅上的女人头颅开始说话，这是一个看起来浑身上下只有一个头的人，基本可以说没有身体，过路的人面对这从未见过的场景都露出惊讶的表情。当时的惊恐，和所有的一切，在这高山之上都变成了浮云。

面对这令人迷醉的孤独，会意识到，这数不清的树里究竟哪棵是神秘的最老的树，其实根本无关紧要，它们当中每一棵都在这里历经千年。

倘若这里环境不再如此恶劣，气候不断变暖，其他品种的树定居下来并威胁松树的生存环境，那才是真正应该担心的问题。突然，一棵树出现在眼前，独自立在那里，好像一个人正襟危坐，仿佛全世界都在它脚下，因为更高处已经没有其他树了。这是一种双人芭蕾舞的场景，这时，一股神奇的力量将第三件事物拉进了画面—— 一匹黑马出现在那棵树后面，这不是幻觉，那马艰难地在雪地上行走，没有人知道它去向何方……

注：这马是一匹种马，它从15年前开始生活在白山地区，没人知道它从哪儿来。过去，它们是三匹马，一匹灰色、一匹棕色和一匹黑色。其中一匹失踪了，另一匹的尸骨几年前被找到。这匹黑马曾被人看到在山下和其他马生活在一起，而某种力量总是吸引着它回到这海拔3000米的高处，回到完全孤独的状态。

雪曼将军树

(卡尔·马克思树)

巨杉（*Sequoiadendron giganteum*）

2200 岁；高：838 米；周长：25.91 米；最粗枝周长：6.3 米；
体积：1487 立方米；重：1256 吨
美国，加州，红杉国家公园；
北纬 36°35′，西经 118°45′；海拔：2149 米

　　这里到处都有许多眼睛，它们就一直盯着你，步步紧随。你能感受到的目光比能看到的还要多。眼睛难道能发出声音吗？这树林里随时能听到窃窃私语。昨天遇到三只黑熊，原本都在安全距离，可后来有一只突然停下脚步，专心地看向我们，目不转睛。尽管明知道只要不去打扰它，它并不会对人做什么，但还是紧张得心脏怦怦乱跳。现在呢，一头年轻的鹿从树后穿过薄雾走过来，头上毛茸茸的小鹿角像裹着一层丝绒。早上六点左右，在这潮湿的针叶林里，来自两个物种的动物享受了这亲密一刻，这场景和期待中的完全不一样，尽管这里如此出名，而且红杉也因无数的照片令人深信不疑。然而，这里笼罩着巨大的宁静，仿佛能听见大树在千年的沉默中低语，这些红色巨人从不孤单，而是几棵一组生长在瘦高的银冷杉和黄松之间，这让它们显得更高大雄壮、仪表堂堂，看起来是一个特殊家族的家庭成员。它们密集地生长在一起，因为它们和周围的生物都不一样，也确实是这样。巨杉带有双窄翅的种子太重了，

以至于一般都飞不到稍远的地方，导致所有这些巨杉都是近亲。有些种子要发芽要生长需等上几百年，等到某棵老树死掉并腾出地方来，然而，新树的根会和老树的根交织生长在一起。老树的根系虽然会分走新树的光照，但却能吸收养分供养它，照顾下一代，虽然不会像墨西哥下加利福尼亚的松树那么极端，把种子留在身边非常久，直至山火的高温把种子坚硬的外壳烤裂，种子才能崩出来。甚至还会发生这种情况，包裹在种子外面的树皮过度发育，只有等到树死了才能把种子散播出来，腐朽的母树就成了自己后代的肥料。

通往雪曼将军树的路从停车场一路下坡直通到森林洼地，它是人们为了迎接大量游客而新修建的。每年有 150 万游客来到位于加州山区的国家森林公园，其中大部分人是在夏季为了看雪曼将军树而来。雪曼将军树虽不是世界上最高的，却是体积最大的单体树。太阳刚升起不久，这里空无一人，这个地方离国家公园很远，在这海拔 2000 米的地方只有三座小房和几处宿营地。一日游的游客要找到这里来还需要几个小时，趁着这赚来的一小段时间，独自在巨树下面散散步。一心希望不要有折断的树枝突然掉落，因为在雾天行走在森林里可比雷雨天还要危险，这点还特别容易被忽略。在大雾天气里，森林里大树已经腐朽的树干吸足了空气中的水分，之后会折断并掉落下来，这些树枝有的大到和一棵树一样大。就像落在雪曼将军树旁边的那一段，它在 2006 年 1 月断裂，当时正是冬天，夜里掉落的一瞬间，突然传来一声巨大的闷响。铁锈色的树皮在雾气中泛着光泽，树冠长在更高处，雪曼将军树的树冠在 40 米高的地方，所以，人走在这些巨大的树木之间会有在梦境中的幻觉，眼前看到的主要是树干。树干底部像超大号的象脚，这画面也许会令人害怕到不敢大声说话，想象一下，倘若这么大的大象抬起脚又落下，行驶在森林里的甲壳虫汽车会被轻而易举地压碎。

巨杉腐烂的纤维状树皮裂开长长的裂纹，树皮最厚可达75厘米，保护树的内部不被雷击而起火燃烧，否则这火足以烧毁红杉。卵形的球果通过逐渐干燥而渐渐展开，但借助山火的热度会更快更早地打开，把种子释放出来，然后种子在烧成灰的肥沃的土地里发育，且不会被讨厌的虫子和菌类打扰。火灾之后，这里一片死寂。几百年来，人们出于好意不断地有效控制和扑灭林火，但这么做却是错误的。这导致很少有新树长出来，几乎少了一整代树。此外，森林的地上满是死树和矮灌木，这些东西到了夏季就变成非常干的木材，会起到非常好的助燃效果，它们燃烧时产生的热量更高、破坏性更强，火苗也比以前蹿得更高，以致这些超过2000岁的老树也要遭殃。自从人们明白了这一点，就开始刻意焚烧多余的木头，再也不马上扑灭自然情况造成的林火，如此一来，巨杉林得以慢慢恢复，年轻的红杉得以生长。通往雪曼将军树的路被设计得很巧妙，在上到一半高度的地方修了个观景台，人站在那个位置刚好与这棵庞然大物面对面，不必完全仰起脖子，就能看到树冠。这棵巨型红杉和立在这块大陆另一端的自由女神像是一样高的。

雪曼将军树这名字从何而来呢？其缘由有许多人写过，10年前开始有了一个官方版本，这个说法令人喜欢且完全无害，当然，也有可能根本就不对。据说，在1879年8月7日博物学家詹姆斯·沃顿发现了这棵树，并用威廉·雪曼将军的名字为其命名，因为詹姆斯本人曾在南北战争期间在北方作为少尉在雪曼将军麾下作战。从那天起，这就成了这棵树的惯用名。那个时候，这块区域已经不再有原住民，大多数土著都死于外来的淘金者传染的麻疹或猩红热之类的传染病。幸存者则穿过塞拉内华达州向东迁徙了。

约翰·缪尔先于詹姆斯·沃顿 4 年来到这片森林，来到这里是为了见哈勒·塔普，哈勒从 1858 年开始生活在这里，是第一个在这儿生活的白人，暂住在一棵烧焦的红杉里。缪尔是大博物学家及自然文学作家，他给这片巨杉林取了名字。他当时被这些巨杉的美震撼了，写下了这样的句子"我继续向前走，在众多庄严的树中遇见更庄严的"。并用这句话里偶然用到的"庄严"一词给大树们取了名字。这座国家公园能够建起来应该感谢约翰·缪尔，他在当时是极富影响力的人物，能够说服国会将这块地保护起来，以杜绝盗伐者和淘金者的破坏。始建于 1890 年的巨杉国家公园是全美第二个国家公园。缪尔在第一个国家公园——约塞米蒂国家公园的成立过程中就已经起到了很大作用，他曾写道："上帝能够帮助这些树在遇到干旱、疾病、雪崩、飓风和洪水之后依然不死，但当树遇上傻瓜时，上帝就保护不了它们了。这个时候，只有美国人能保护它们。"

公园建成后，部队每年夏天都派骑兵队进山，目的是保护森林，这样坚持了 23 年之久。士兵们完成了整理文献、绘制地图、记录数据等工作。然而，直到 1897 年，雪曼将军树才被录入文献，还被在树干上挂了牌子，有张老照片记录了这个历史事件。马一匹挨着一匹站着，穿着制服的骑兵们坐在马鞍上，头上戴着圆形宽檐的帽子，所有人都站在树前面。詹姆斯·沃顿和雪曼将军树之间的联系在 1921 年才被证实，他的名字出现在一本全国国家公园旅游指南里，从那一年之后，人们到处都可以读到："是沃顿发现了这棵树并给它取了名字。"这事发生在骑兵给树挂牌之后的 20 年，也就是这棵树所谓"被发现"之后的 40 年。另外，沃顿在这片林子里消失了，活不见人死不见尸，这就是说他没有在雪曼将军率领的印第安骑兵第九兵团的士兵名单上，按理说，他应该属于这个团。也许，根本就不存在沃顿这个人。为什么这么不确定呢？据推测（当然，这个观点出现在一个仇视共产党的国家，理由并不牵强）取雪曼这个名字是因为想转移大家的注意力，据说在国家公园建起来之前，这棵树已经有了一个名字，而政府根本不想用它！那个名字是——卡尔·马克思树。

卡威亚殖民地的历史是一段社会主义乌托邦的历史，是一个梦想在没有阶级的社会里共同生活并反对资本主义的历史。它的建立者大多来自圣弗朗西斯科，那个在 19 世纪淘金热时期异常繁荣的城市，"金门海峡"这个名字印证了它当时的辉煌。在后维多利亚时期的加利福尼亚，红杉是抢手的木料，用它能赚很多钱。一名叫卡洛斯·凯勒的男子，在 1885 年一次坐火车的途中听见身后两位工程师讨论说：在塞拉内华达州的塞拉利亚东部生长着巨大的红杉，而且这个州打算卖掉这块地。凯勒后来将他偷听到的这段对话称为"上帝的指引"。37 岁的凯勒是波奈特·哈斯科的追随者，波奈特是一名律师，他的妻子安妮·法德·哈斯科是一位妇女参政论活动家，他们夫妻俩是激进派工人组织——国际工人联合会的核心人物。他们在家私藏黑火药炸弹，并拉拢聚集了一帮男女，这些人准备好了跟随凯勒的指挥并建立一个森林联盟，砍树是这个项目的经济基础。

在 1885 年 9 月，他们打听到卡威亚河畔有一座生长着巨大红杉的森林。他们跋涉在古老的印第安小道上，在岩石之间踩着碎石穿过森林，这里因为路太难走而没有被木材公司盯上。这片森林不属于任何人，这一点让"拓殖者"们最终决定在这里定居下来。按照法律规定，每天早上，每个人可以购买价值 2.50 美元的土地，一个早上正好 4000 平方米，每个人最多允许买 160 天。这些殖民者非常兴奋，他们一起买了相当于 6000 个早上的森林，他们当中每个人出了 410 美元。他们之所以有能力这样做，是因为在东海岸甚至在欧洲有社会资助人资助他们。主管负责部门高度怀疑这群人，派了一个调查员来监督，在调查清楚他们的合法性之前，拒绝卖给他们土地。拓殖者们很愤慨，尽管如此还是搬进了森林，他们让人相信他们很快就能拿到许可证。这些人建了一块营地，砍伐出一条穿过森林的甬道并铺好了路面。到了 1886 年夏末，在卡威亚社区生活的人正好 200 个，当时的照片上可以看到目光炯炯有神的大胡子戴帽子的男人们，充满活力的扎着头发穿着及地长裙罩着围裙的女人们，孩子们在他们身边，周围到处是红杉。他们有自己的组织，建立了行政部门，初创小组、军乐队和辩论学会，实行动议权和全民公决，他们还有一种自己的货币，这种货币是以劳动时间为基础而不是以金子为基础。他们很穷，树是他们的生活基础，树越粗越高就能让他们的生活越好。那么，理所当然地，他们将众多树中最高最大的一棵玩笑地称为"卡尔·马克思树"。乌托邦用了 4 年时间将路一直修进山谷，在 1890 年 6 月完成了最后一段。他们买了一辆蒸汽拖拉机，给它取名叫阿贾克斯，并借助它组装了一个可移动锯木厂。可这个锯木厂并不想好好工作，另外，还有来自瘸牛的问题和工作道德败坏的问题。安娜·法德在她的日记中写道："我害怕，拓殖者中有几个人已经闲得目光呆滞了，他们必须去工作才行！"司法程序也越来越不明朗，另外，来自公众和政界的针对住在森林里的拓殖者的反对声越来越大，拓殖者被指在森林里隐藏了他们的不道德行为。尤其是住在森林里的妇女们，被世人用怀疑的眼光审视，"野丫头安妮穿着裤装抽着烟"这个形象全国皆知。最主要的是，在北加利福尼亚地区大面积砍伐树木的南太平洋铁路公司给政客们施压，因为该公司将这里的拓殖者视为他们的竞争对手。

当哈里森总统在1890年10月1日揭牌约塞米蒂国家公园，并将保护法扩展到红杉国家公园时，虽然保证了私有土地属于个人，但像以前一样，仍没有明确说明哪些属于拓殖者以及哪些不属于。所以，拓殖者们觉得自己是安全的，并拒绝离开森林。他们当中5人被捕，到了第二年夏天，又有进行军事演习的部队驻扎到了森林里。于是这时，拓殖者们不得不离开了巨杉森林，并躲避到了一块他们租来的开锯木厂的地方，而国家部队又妨碍工厂生产，经拓殖者们强烈抗议，华盛顿方面几周后判定，此次部队挺进为非法行为。到了这个时候，拓殖者们的热情早已消耗殆尽，他们备受打击地搬离了森林。至于他们修的那条路，十几年间一直是通往国家公园的唯一通道，但从未有人想要为此给拓殖者们一些补偿。他们提了十几年的诉讼，最终也没有成功。安娜·法德·哈斯科离开了她的丈夫，在加州北部当了一名教师，许多拓殖者留在了公园附近的村庄里，他们当中少数人的后裔在20世纪60年代成了嬉皮士，另一些人则成立了卡威亚教会，这是一个热衷于户外游击战的极右翼基督教教派。若在山里打听关于这个教派的事情，对方会向你挑起眉毛，就连早期的马克思主义者或许也会受到惊吓。前不久，这个组织搬去了爱达荷州，因为加州有太多品行不端的人和太多左翼势力。再说回到约翰·凯勒，这个因为在火车上偷听来一段话而奠定了卡威亚殖民地基础的人，在 1937 年，已经 91 岁的他曾表示：他到最后很高兴政府将这片森林给了全国人民，而不是少数几个人，因为大树可以教给人们许多道理并能改变他们，就像人们驯化树并改变树一样。保护它们是上帝的意愿。

当然，因为这些树非常巨大，国家公园从开始营业便引得游人蜂拥而至。一些照片展示了 1917 年倒下的一棵 2000 多岁的老树，在它的树干上停了好多小汽车，有个聪明人修了个坡，以帮助那些从满是灰尘的山路上颠簸而来的不怎么结实的福特 T 型轿车开到树干上，这是个特别受欢迎的主题景点。同样受欢迎的还有雪曼将军树，几代人一起来到这里，依靠在它的树干上，将来，或许这些人的子孙还会来这里靠一靠，只要人们一有孩子，就会带孩子来。这些人，只能从泛黄的老照片上找到他们的身影，因为这些事都发生在红杉生命中过去的某 100 或 200 年。

事实上，老约翰·凯勒是对的，这些树确实影响了人类。我们在寻找唯一被保存下来的卡威亚殖民地小木屋的途中，在遇到了一头年轻的熊之后，又见到一位年轻的男子，他的头发有火的味道。他说，他在森林里度过了夏天，在精神上是亨利·大卫·梭罗和约翰·缪尔的追随者。我们突然发现这块林间空地，横七竖八倒着烧焦的树干和卷曲的黑色树皮，那块树皮大到走在里面像在通过一条隧道。它旁边是一棵十年前倒下的巨型红杉，在它垂直裂开的树墩上长出了一棵落叶树，这是一棵茱萸，大大的白色四瓣花朝着太阳，高出地面好几米。面对这种由生到死再到新生的循环，我突然产生了一个迫切的念头——成为一个住在森林里的人。像这个年轻人一样勇敢，在这里住很久很久甚至一辈子，待在这些树旁边。当地上还没有飞行的昆虫，靠风力授粉是最为普遍的繁衍后代的方式，引人注目又惹人怜爱的花还不为人所知的时候，这些树的祖先们已经存在了。这些树，在它们距地面 60 米高的树冠上，建了一个完全属于自己的宇宙，一个自己的世界，由树枝及厚厚的针叶组成，能承受风吹、日晒、雨淋、雪压以及各种摇摆震颤。这样一个树冠屋里，住着植物、蘑菇、苔藓、蜘蛛、百足虫、蚂蚁、蠕虫等等，还有小动物们。这些生灵是一定不会被人类看到的，因为我们在树下距离它们那么远的地方，所以，我们对于它们来说完全是无聊的存在。

百骑大栗树

欧洲栗树（*Castanea sativa*）

2000 至 3000 岁；高：22 米；树干周长：57.9 米（1780 年测量），
目前三株单体树的树干周长分别为：13 米、20 米和 21 米
意大利，西西里，卡塔尼亚，圣阿尔菲奥，埃特纳火山；
北纬 37°45′，东经 15°8′；海拔：650 米

当乔克拉多站在一个人身后，保持了舒适的距离，既不会被指责无礼，又近到足可以从背后感受他的呼吸，他的手放在肩膀上，去彻底了解他 43 岁绝对完美的身材。接下来，就在那一夜，这棵欧洲栗树得到了它的名字，这个夜晚也随之有了完全特殊的意义。它被叫作百骑大栗树，也就是 100 匹马的栗树。然而，发生在那个充满传奇色彩的风雨交加之夜的故事，只有一小部分是关于 100 匹马的，更多的是关于 100 名带着他们的马找到这棵世界上最大的（确切地说是最粗的）树避雨的骑士。事实上，也不能说是关于骑士，而是关于女王——淫乱的乔安娜。她在那个雷电交加的夜里，在埃特纳山脚下，将 100 个骑士逐一叫到榻上来与她享鱼水之欢，更特别的是，侍寝队伍中除了这些男人还有一匹种马。在这件事之后，人们将巴勒莫中心广场称为"羞耻广场"。由于这位女王在西西里岛上制造的淫乱事件，广场上建于 1554 年的普雷托利亚喷泉边上放置了一尊裸体美女和马的雕像。然而，这位女王究竟是哪一位呢？乔克拉多像大多数人一样，认为她是卡斯蒂利亚王国的乔安娜·冯·阿拉

贡（1479—1555），即所谓的"疯狂的乔安娜"。因为她丈夫"美男子菲利普"早逝，此后她每隔一段固定的时间就命人打开棺椁，端详丈夫腐烂的尸体，否则就会在这个日子做出一些偏执的行为。她从她丈夫死后就不再洗澡并完全沉默。人们为了让她解脱，把她关进了修道院，她在那里度过了48年之久，直至变成了老太婆，最后因被开水烫伤而死。其他一些人则认为，故事的女主角是乔安娜·冯·安茹（1326—1382），这位是那不勒斯、耶路撒冷和西西里岛的女王。又或许是另外一位乔安娜·冯·安茹（1373—1435），同样是那不勒斯的女王，因其放荡的生活和少女时代频繁更换情人著称。也许，这终究只是一个带有色情桥段的民间传说，不断地被添油加醋，捏造出来一个卡斯蒂利亚国女人，这么一个谁也不认识的外国人。然而，不论是卡斯蒂利亚女国王还是第一个乔安娜，她们都未曾踏上过西西里岛的土地。第二个放纵的乔安娜起码至少来过这里一次。

这棵栗树非常巨大、舒展且雄壮。站在它下面，会感到被保护，好像它用枝叶温柔地包围着你，好像它用树冠替你阻拦掉所有灾难。1161年，大栗树第一次被人在文章中提到，安东尼奥·非洛特奥描述了这棵已经令普林尼和其他作家震惊的树，"它的空心树干能为绵羊、山羊、牧羊人和矿工提供住所"，且完全能容纳下"一个包含三百只羊的羊群"。唐·皮特罗·卡雷拉（1537—1647）是一位牧师，他还是意大利早期最重要的国际象棋棋手，他的八卷本棋书《国际象棋游戏》（*Il Gioco degli Scacchi*）是墨西拿第一部印制的书籍。他在1636年描写了关于沿海镇子玛斯卡利北部的一片森林，那里长着一棵雄伟的空心栗树，看过它的人会说"这树洞里可以藏下30匹马"。竟然是30匹，而不是100匹！不过，即便是 30 匹，一棵树里是怎么放得下这么多马的呢？

这棵栗树颜色鲜绿，状态非常健康，约有 3000 岁。若站在它对面，会以为这是三棵或者四棵树，是几棵茂盛的大树的合体。所有描绘这棵树的画中最著名的一幅是 1777 年由法国画家让·皮埃尔·豪尔所画，如今挂在罗浮宫里，画上是一棵巨大的空心树，它的树干形态和今天看起来完全不一样，只在一个位置上有个开口，树洞里有一座盖有瓦片的小房子。19 世纪 30 年代的平版印刷画中也出现过这座小房子，尽管如此，10 年前来到这里的游人看到的小房子已经塌了。这房子主要是个储藏栗子或者农活工具的小仓库，也确实为编造各种神话传说做了不少贡献。

乔克拉多说"百骑大栗树是世界上最老的能结果实的树"，乔克拉多的本名叫阿尔菲奥，和埃特纳山坡上俯视大海的小城叫一样的名字，那座小城的中心教堂由火山岩石建成，非常夸张地指向天空，象征着人们愿意笃信上帝，为这座城市建筑艺术的瑰宝赋予了更高的意义。乔克拉多特别了解古树的世界，听过佛罗里达被烧毁的"参议员"的故事；了解"雪曼将军树"；知晓"总统树"；还知道苏格兰修道院庭院里的紫杉树；以及墨西哥圣玛利亚德尔镇的杉树，这棵树以 14 米的直径颇具争议地进入了世界最粗树木的行列，因为这棵树不是空心的，而是一棵完好无损的树，看起来是一棵而不是三棵。同样还有，距离这里向北500 米的另一棵栗树，那棵栗树长在一个农民自家的土地上，靠在街边断裂的墙上，想要看清楚树干全貌，需要爬到树上才行。其粗糙的外表和巨大的个头令人印象深刻，以 16.5 米的直径和超过 1000 岁的树龄成为意大利第二老和第二粗的树。即便它没有因此而像百骑大栗树一样出名，至少也总会让人想起一个名字，确切来说是三个名字——阿加塔栗树、船栗树（因其树干底部会让人联想到船头），以及它在方言中的名字"Arrusbigghiasonnu"，意思是能够驱散疲劳感，之所以这么叫它，是因为树枝上总有鸟儿在鸣叫。

乌迪内大学的植物学家检测了百骑大栗树的单体树干，得出结论是：这些不同的树干和树枝同属一体，这一点现在用基因分析对照就能证实。还有朱塞佩·雷帕罗（1720—1778），他也想知道这些树干是否像当地人所说的是同一棵大树。雷帕罗是地理学家、火山学家、历史学家。而且，他还很富有，所以他在1770年从周边雇来30个农民，目的是把这棵树周围的土挖开，一直挖到树根部，这些人挖了4米深，就为确认在那下面只有一个树干，这个坑在周长57.9米的范围内，直径将近18米。基于这个测量数据，这棵树在几年前被作为世界上最粗的树载入了吉尼斯纪录，就这样被载入吉尼斯了，似乎缺少点说服力。在过去的几百年，泥土被雨水从埃特纳陡峭的山坡上冲下来，将栗树下部已经死掉并断成很多块的树干掩埋了起来。

当乔克拉多的手机响起急促的铃声，他开始抱怨说这是现代化通信的灾难，他使用这部手机是因为他负责管理大栗树并为教区服务。然而，来电话的是他母亲，她说想和他说说话，他解释道，他现在得带一位来访的女士参观一下有千张面孔的树干（他做这份工作完全是出于喜爱和奉献精神）。"看，"他说着，小心地把胳膊放在她的肩膀上，"你看见了吗？"那里是一只狮子，它正对面有一头熊，这里上方是一只凝望埃特纳山的猫头鹰，然后是一只蜷缩成一团的小猫，这里后面是一只猩猩，非常清楚的一只猩猩，在它旁边是一个尼安德特人，那边上方的中间部分，是一只张着嘴巴的鳄鱼。没看出什么诡异的画面，甚至那只罗威纳犬看起来也很友好，就连那个死人头颅看着也不吓人。唯独"真理之口"有点阴森恐怖，"真理之口"那张怪异的扁平脸，颜色一半深一半浅，人们可以把手放在它嘴里，若不说实话，手就没有了。伸着长鼻子的大象、驴子、双头鹰，当乔克拉多把这些指给人看的时候，都能看得出来。它们是他的想象，是他在树丛里发现了它们——从树干里伸出的鸟嘴，做出造型的死树枝，树皮上的凸起和凹陷组成了动物图案。有一些造型过了几年或几十年就不复存在了，因为树是活的，形状会发生改变，个别的部分也会死去，形状也会随之变化，树会变粗，树干表面的"脸"也会随之变化，扭曲成了鬼脸，直至裂开。

这就是这棵由许多断裂部分组成的大栗树的迷人之处，它是一个一直在变化的生命体，一个"在建项目"。早在公元前 570 年，希腊人为锡拉库萨和阿格里真托修建庙宇时，它就已经非常巨大了，然而看起来却同歌德时期以及其他人去意大利参观它的时候看起来完全不一样。它一直站在那个位置，也许在一片森林里，或像现在一样在一片田地上，它给每个人都留下了深刻的印象，却一直以新形象示人。它经历过无数次地震、火山爆发、雷击和至少两次人为纵火，劫后余生，现在依然能看见被烧黑的部分。1923 年那场火是几个吉阿拉市的居民，在圣阿尔菲奥从他们市独立出去之后，实施的一次报复活动。另一次失火是 20 年前，几个人野餐造成的。从那之后，树周围被立起了栏杆。

从 2008 年这棵栗树被联合国教科文组织列为世界自然遗产之后，这里被积极修建，投入了大量资金。一条修得特别有品位的路，出口连着位于圣阿尔菲奥北部边缘的停车场，这里有个当地的小集市，在红白条纹的遮阳伞下，男人们在讨价还价。一个没牙的老太太卖着樱桃、蓝莓和像西柚那么大的柠檬，这种柠檬被这里的人当作治百病的灵药，撒上一点盐腌上，每天早上享用。当然，如果你不是慢性胃炎患者，就可以这样做。另外，当地人还会在一口井旁边排队，为了用瓶子装满这里最干净的源头之水，然后带回家里。这里的人不卖被叫作 Castagnaccio（板栗）的板栗蛋糕，也不卖栗子冰淇淋，也不像意大利北部一样卖亮晶晶的挂浆栗子，尽管百骑大栗树每年秋天都会掉落 300 至 400 公斤的果实。没有人想要销售这些栗子，这让人既欣慰又遗憾。当罗马学者老普林尼在他的《自然史》中写道"这些栗子烘烤过之后可以作为食物。它们源自撒丁岛，这就是为什么希腊人将它们称为撒丁橡子"的时候，人们想象着将硕果累累的树上的栗子摘下来磨成粉，制成甜甜的糯糯的弗里特尔（Frittelle）。

最好在冬季来这里，当树叶全部掉光，树干和所有枝杈都能被清楚地看到，那么便能直接欣赏它庄严优美的风度。可以把它视为一个整体，作为一个独有个体来看待，可以想象，在地下深处埋着它唯一的树干——那根全世界最粗的树干。然而，夏天也有它的吸引力，特别是夏季的夜晚，停车场空无一人，天空昏暗，四周一片寂静，在栗树的上方闪烁着路灯，树后屹立着高大的埃特纳火山，埃特纳以最完美的规律向天空喷射闪着红光的熔岩碎片，每隔几分钟就展示一下它活着的迹象。通向大栗树的大门已经被锁起来，但确实可以看见里面，而且它们就在那里，那些狮子、熊和猫头鹰。人们几乎能听到一种轻微的悲叹，一种叹息、祈祷和哭诉，听起来就像真的一样。这些声音同嘶哑的呼喊还有马鼻子哼哼的喘息声糅在一起，互相加强，便成了一场独一无二的大型演奏会、一场想象中的盛典。

Castagnaccio

板栗蛋糕

将 300 克栗子粉倒入大碗，

加一点盐，三勺糖，再边逐渐加入适量橄榄油边搅拌，直至均匀，最终形成一个光亮的面团。

然后分多次少量加入牛奶，将面团稀释成可流动状态，加入两勺松子，两勺泡发过的葡萄干，搅拌均匀。

准备好刷满橄榄油的烤盘，将面糊倒在上面，在面糊上撒上茴香籽，再均匀浇上几勺橄榄油，令其表面湿润。

用烤箱中火烤大约 45 分钟，蛋糕便烤成了。

Frittelle

弗里特尔

300 克栗子面加一点盐、一点糖、一个蛋黄和一颗小无花果，搅拌至变成奶油状的糊。

用勺子盛出一个个小面球，下入热油中，炸至酥脆。捞出后撒上白糖，凉至温热，即可食用。

胖玛丽

夏栎（*Quercus robur*）

800 至 900 岁；高：18.5 米；树干周长：6.6 米
德国，柏林，特格尔森林；
北纬 52°59′，东经 13°26′；海拔：53 米

　　一切都显得那么悲伤。不只是因为，在盛夏季节，错过了城市垃圾统一清理的柏林人将圣诞树架子和装饰彩带一起运到特格尔森林，堆到树下面，还因为许多野生动植物也在威胁胖玛丽的生命。枫树、山毛榉、桦树等等，各种细小的树木都向这棵粗壮的夏栎挤压过来，现在它们已经超过了它，夺取它的阳光，而栎树这种喜阳的树种特别需要充足的光照。苔藓寄生在它纹路深处，许多高处的树枝已经脱光了叶子，树干中部断裂开来。胖玛丽变得虚弱，它最好的时光已经一去不复返，很明显它正走向末日。可以确定，它以 800 到 900 岁的高龄，已经是一棵生命随时会结束的老树。但它终归是柏林最老的树，应该得到人们的关注和爱护。它是这座城市最著名的树，歌德还曾来参观过它。过去，人们还曾出版过关于它的邮票，其中一版的画面是 1913 年两位女士散步经过这棵栎树，她们穿着白色及地长裙，头戴有红色花朵装饰的大帽子；另一版上印的是"特格尔的致意"，12 个穿着礼拜服的人被定住一般直直地盯着镜头，一条整洁的马路，一块大大的餐厅牌匾"Zum Kaiser-Pavillon"旁边就是这棵老树，整体背景画面是湖岸。它独自孤零零地站在草地上，

非常舒展，树枝远远地朝各个方向伸去，充分吸收阳光。它是一棵高大的树，高 26 米，是中世纪留下的遗迹，那时候这里还主要是牧场经济且没有浓密的森林。现如今的胖玛丽早就没有 26 米了，也并不舒展。从它的树干能看出它曾经的自由舒展，看出它的树冠曾长在很低的位置，因为树干上有很多隆起的部分和许多树结。夏栎在上一次冰川时代之后，面对山毛榉的再次扩张败下阵来。因为，在适合山毛榉生长的土地上，所有的夏栎林都被山毛榉夺去了地盘。作为喜阴品种的山毛榉遇上像夏栎这种喜阳的树种，不论生活在它远处还是附近，都会令其陷入危机。因为山毛榉能够不受一切外部影响，将它优雅细腻的泛着浅灰及银色光泽的树干不断向高处伸展，穿透其他树的树冠，最终超过它们，并将它们遮在阴影里，让每天的日光只有 3% 能够照达地面。夏栎会慢慢被饿死，因为山毛榉的根系部分也会在每个缝隙里强行生长，切断其他树的水肥来源，使它们长出更少的叶子，这对山毛榉又是个有利条件。这片林子长期处在这种境况里，山毛榉终将胜利，在很久以后会有一棵结实的山毛榉代替胖玛丽。当然，到那个时候我们早就死了很久了。但是，老栎树目前尚且立在那里，它的脚下堆积着枯树枝和被粗略砍断的树枝，让人不想多看一眼。虽然野生植物千千万万，柏林却只为它制定了一条保护规定：

柏林自然古迹保护规定（1993.3.2）：

流水编码：12-24/B（xx-24/B）

数量：1

品种：夏栎

名字：夏栎胖玛丽

代号：11073

通道：4

地籍代号：135/16

保护原因：稀有，国情原因

位置：特格尔森林，74 号林区

据说条例中还提出过另外两条保护原因——"美感"和"有特点"，但是胖玛丽不符合这两条。自从 1939 年开始，它便是自然古迹，此前 4 年由帝国森林部、狩猎部部长赫尔曼·戈林宣布《帝国自然保护法》生效，这份法案的前言部分说明了为什么立法保护自然环境的时机已经成熟。"古往今来，德国人民的森林和田野中的大自然渴望的是欢愉是休养生息。……在世纪之交就开始被提到的'保护自然古迹'只见到了部分成效，是因为缺乏基本的政策方面和世界观方面的前提条件，只有德国民众完成这些转变，才能进行真正有效的自然保护。"1935 年，德国人的转变已经在公众中广泛实现，在此期间布莱希特在他的诗《致后代》中写下了著名的诗句：

"那是什么样的年代啊？

一场关于树的谈话几乎是一桩罪行。

因为它包含着对那么多恶行的沉默！"

实际上，这些恶行之一是关于德国自然保护之父——洞穴研究者和律师拜诺·沃尔夫的。他曾有几年时间致力于制定普鲁士的自然保护法，这部法令是后来新法的基础。在 1933 年，沃尔夫由于是犹太人，而不得不放弃了工作。他的继任者不仅凭借前任的工作获得了荣誉，还在自然保护联盟里推行了雅利安人条约，将犹太人从联盟里赶了出去。1942 年，70 岁高龄的拜诺·沃尔夫被所谓的"运送老人"活动驱逐到了犹太人避难地，半年以后死在那里。

在自然古迹保护条例第三条中写道"自然古迹在法律意义上是大自然的独特馈赠，保护它们是因为它们具有经济的、历史的、本土及民俗学意义，或因为它们在公共利益中的特殊地位（比如：岩石，地质历史信息，滚动的岩石，冰川印记，水源，水流经地，古老或稀有的树）"。"自然古迹"这个表述可以追溯到亚历山大·封·洪堡（1769—1859），他在其著作《洪堡与邦普兰的游记》中记录了他 5 年间在美国的研修之旅，面对亚马孙地区高大雄伟的热带雨林，他创造出了"自然古迹"这个读起来很有魅力的概念。其实，连"胖玛丽"这个名字也源自洪堡家族。洪堡两兄弟威廉和亚历山大参照自家女厨师的名字给湖岸边的夏栎取了名字，这位女厨师定是位矮胖的女士，是在特格尔城堡掌管厨房的那位玛丽。

在这棵老夏栎后面是绿色的金属网围栏，它将栎树所在的区域和这个树林隔绝开来。这座狩猎行宫于 1558 年建成，曾经是文艺复兴风格的地主庄园，到了 1766 年，通过联姻转到了洪堡家族名下。洪堡兄弟中的哥哥，哲学家威廉·洪堡在母亲去世后继承了这座城堡，并让卡尔·弗里德里希·申克将其改建成古典派风格。洪堡兄弟的坟墓也在城堡的花园里，他们家后代也住在这里。在距这里不远处，坚强地挺立着一棵已经死去的老树，没有树皮并发着淡淡的光，像棵剥了皮的大芦笋，一块巨大的死木头，让人略能想到佛罗里达的自由女神，这棵树可能是棵杨树。在这里生活着许多老树，城堡花园草坪上树干中空的洪堡夏栎就是它们中的一员，它从 1939 年就开始被保护起来了。有一种说法，说胖玛丽和洪堡夏栎是特格尔与海里根希的边界树，并因此未受到中世纪大面积开垦森林的影响。

特格尔森林背后有一段动荡的历史，忽略它就没法讲述胖玛丽的过去。人们很难想象当这里还是原始森林的时候看起来会是什么样子，当少量的日耳曼移民已经迁徙至很远的地方，斯拉夫居民最终在公元 700 年左右在施普雷河与哈维尔河畔定居下来，也就是后来的施普雷人和哈维尔人。这些斯拉夫人建造木屋，靠狩猎和捕鱼为生。当黑熊布莱希特在 1157 年建立马克勃兰登堡时，那棵后来成长为胖玛丽的年轻夏栎才 12 米高，而且当柏林在 1244 年第一次在文献中提及它时，它也许已经立在一片靠家畜平衡的森林牧场里，或者完全自由地立在岸边，从一棵森林树变成了一棵饲养树。这些饲养树松散地分布在草地上，给牲口带来树荫并提供食物，饲养树（Hutebaum）这个词源于供养（hüten）一词。这棵夏栎给至少 50 代猪提供了食物，因为对猪来说栎树叶子是营养丰富的美味佳肴。在秋天，它们会被赶到这些夏栎附近，然后它们自己就会去吃树叶。每 6 到 10 年树能结满一次果子，也就是所谓的"丰年"（橡子类树结满果实的年份），树龄超过 40 岁的大树按照顺序依次在不同的年份结出许多种子，结出种子的数量比自然界中它们的天敌吃掉种子的数量要多。这个"丰年"是这些树保持种族延续的策略，它们在木头生长期间节省并生产出较前些年更多的种子，从这些种子中很有可能发出新芽并长出新树。中世纪的人们需要大面积的草地，并使用木头盖房子和取暖，促使人们大力砍伐森林，致使森林变成荒野，然而胖玛丽却一直站在那里。人们若不是后来发现了褐煤和硬煤，也许森林早就不复存在了。

在近代，有两位男士不得不提，这二位用刺柏矮灌木林、松树和零星分布的饲养树将沙化的荒野重新变成了森林。他们是弗里德里希·奥古斯塔·路德维希·冯·博格斯多夫和森林管理员舒尔茨。这座混合林能够在柏林西北部好好被建起来并一直保存下来，还要感谢第三个人，一个法国人，"二战"后法国占领区指挥官，服役前曾是森林管理员，他禁止在他的辖区砍伐树木，不像美国人那样，在1948年"柏林封锁"的冬天，为了给柏林人供暖将整个古纳森林伐光了。因此，这片树林目前大部分由65岁的松树构成，均是在战后栽种的，特选的生长快速的品种。特格尔森林很多样化，让人印象深刻，有许多老树，这些都要归功于照顾它的三位男士。

现在照顾这片林子的是弗兰克·莫什。每一个捡到受伤动物的人都会去找林区管理员莫什，不论是一只刺猬还是从巢里掉落的小鸟，另外，登记被机动车撞了的野生动物，或者想买木头，抑或是有关于树木和蘑菇的疑问，都可以来麻烦他。他的咨询时间是每天下午2点到6点，但并不是所有人都会遵守这个时间，甚至连夜里也会有人敲响森林管理室的门。有人会来找弗兰克·莫什抱怨森林里的违规行为或者胖玛丽被忽视的问题，他则会安抚这些人的情绪。莫什属于新一代森林管理员，一位40多岁的热心肠中年人，受过高等教育，外表时尚，没有要把德国森林翻个底朝天的激情。他说过许多次，森林话语是一种法西斯的话语，不断地有东西要被肃清，人们想清除掉所有陌生的东西。比如黇鹿，只因它不是原产自这里，而是被喜好狩猎的贵族尽情作乐时驱赶到此地，现在人们就要把它清除掉，当然，莫什一直尝试阻止这件事。高处有一个鹿群，大概有9头鹿站在那里，发出窸窸窣窣的声音，白色的臀部微微反射着光，几头年幼的鹿认真地望过来，也许是在打量我的狗。莫什看着森林里的一切，还如此隐蔽，就像熟睡的野猪，只能从树叶堆的缝隙里窥到它一点点耳尖上的茸毛。莫什这个人很有些颠覆性的特质，有天生的反叛精神，这一点他时常公开与同事们分享。在他的辖区内生长着柏林最高的树，一棵细高笔直的落叶松，下面立着一块牌子，牌子上用严格对称的字体刻着：

HÖCHSTER BAUM BERLINS

Europäische Lärche

Anno 1795 unter Forstmann

VON BURGSDORFF gepflanzt

Baum des Jahres 2012

Höhe 42,5 m, Umfang 2,90 m

（柏林最高的树，欧洲落叶松，1795年由森林管理员博格斯多夫栽种，树木年份2012，高42.5米，周长2.90米）

"但其实这周围的山毛榉更高一些。"莫什说，然而确实第一眼望去不容易发现，因为落叶松长在一个小山包上。于是林区主任干脆就宣布这棵落叶松是柏林最高的树，尽管它可能并不是，不过，有了这个纪录它就不会被砍伐了，这一点令莫什和他的同事们暗自开心，他们终于让落叶松躲过了"清除一切外来物种"的无理指令。说落叶松是外来物种，只因为欧洲落叶松经历了冰川时代在喀尔巴阡山脉生存下来，现在基本只出现在它的原产地和阿尔卑斯山脉。

普鲁士皇家林区主管弗里德里希·奥古斯塔·路德维希·冯·博格斯多夫栽种过一种类似落叶松的异国品种，这确有其事，因为这个人不仅是个植物学家还是位成功的商人，他把种子销售到北美。他的博格斯多夫方盒非常出名，里面装的是上百种种子和幼苗以及种植说明。这片荒野是他的实验区，他向这里输送山毛榉、夏栎和榆树，因为橡子和山毛榉的果实和叶子可以用于饲养家畜，所以他种了许多。1778 年 5 月 20 日，年轻的约翰·沃尔夫冈·冯·歌德唯一一次到柏林旅行，那次他住在了老弗里茨郊游酒店。这家酒店据说自 1410 年就开始营业了，从那里出来，歌德便散步去看胖玛丽，为了一睹特格尔湖畔"家畜栅栏"的风采。那时候，洪堡兄弟还不认识这位诗人，他俩还是孩子，大概就是在那期间，他们用"胖玛丽"给夏栎取了名字。大概 20 年后，歌德与洪堡兄弟成了朋友，思想的巨人们终于找到了彼此。

特格尔森林管理处的小木屋还被写进了《浮士德Ⅰ》，弗里德里希·冯·博格斯多夫也与这事有关。这是一个小小的事件，因两个男人的仇恨以完全独特的形式进入到了文学作品里。这个事件是关于一个总是发出敲敲打打声音的精灵的，它在 1797 年的一个有月亮的夜晚进到森林管理员的房子里捣乱，大半个柏林的居民都在茶余饭后讨论这件事。博格斯多夫在《自然研究者协会到柏林》一书中提到了这个幽灵。大家决定做个普通的驱鬼仪式，揭开这个可怖事件的神秘面纱。据说，这个爱扑腾的幽灵最终被确认和一块木头、一个箱子和森林管理员学徒的湿手指有关。然而，这还不是全部。在此之前20年，启蒙派学者弗里德里希·尼古拉以歌德的《少年维特之烦恼》为基础写了一部滑稽剧，这令歌德大为光火，并写了一首愤慨的诗回应此事，诗的名字叫作《在维特坟墓上的尼古拉》。当尼古拉1797年在一次演讲中讲起他的惊险经历，他说他一度因得了幻视症而能看见鬼魂，幸好用水蛭贴在肛门处吸血才得以治愈，另外还提到了特格尔的制造"啪嗒啪嗒"噪声的幽灵。歌德听说这些后非常高兴，便将尼古拉写到了《浮士德Ⅰ》中瓦普几斯之夜这一幕里，将他写成一个"肛门幻视者"。结果，自称理性的尼古拉就以一个几乎是精神病人的形象被永远载入了德语文学经典里。

现在的这座森林管理处小木屋建于1890年，对于胆小的人来说依然是一个令人毛骨悚然的地方，它孤独地坐落在经过胖玛丽的施瓦岑路的路旁。"这棵老夏栎一生中大部分时间都自由地独自立在那儿"对于这种说法，对自己林子里的所有事情了如指掌的莫什很难认同。他5年前要接管森林管理处的时候，曾与同事们商讨，当时所有人劝阻他砍掉胖玛丽周围的树，因为它是一棵森林树，如果突然接受太多阳光可能会枯死。以前，只有一条颠簸的小路通向它，所有周边的树都特别茂密，以至于从湖岸这边望过去根本看不见它。莫什首先修了一条通向胖玛丽的路，并放置了长椅，不是08/15长椅，而是一种比较特别的椅子，后来又修筑了围栏。人们将树枝和树杈平铺在路上，防止游人在细嫩的树根上乱踩，诚然这一条是森林管理局的规定，莫什并不认为树根会被伤害，毕竟从几百年前人们就开始来参观栎树了。他还认为，这一堆围着胖玛丽的东西看起来很丑。大家不想给胖玛丽造成不必要的创伤，也很少修剪它，因此必须让游人保持一定距离，以防腐朽的枝干掉落造成伤亡。他稍微清理了一下树周围，但不敢移走更多的高大树木，人类没有太多与这么老的树打交道的经验，并且不希望它由于人类的庇护而死掉。

莫什是这个森林管理所自 1848 年成立以来第 14 位森林管理员。1848 年正处于欧洲革命时期，普鲁士也陷入了困境，三月革命致使柏林几百人丧生；那一年，亚历山大·冯·洪堡从巴黎赶回柏林；第一个蒸汽磨坊在特格尔城堡旁开始投入使用；林区管理员舒尔茨开始了他长达 40 年的工作。

1895 年舒尔茨去世时，特格尔市日报上登载了悼文"来自特格尔的、在柏林也非常出名的森林管理员舒尔茨，在周三下午永远安息了。这位平易近人的老先生给柏林的游客们留下了美好的回忆。他的和蔼可亲赢得了所有人的喜爱和尊敬。他会令在他著名的森林管理处小木屋里逗留的人尽可能感到舒适，男士们把他视为打扑克高手。虽然他已 84 岁高龄，但精力异常充沛，无论天气好坏都坚持到岗。就像他兢兢业业地工作一样，他从不缺席门球游戏。葬礼在海里根希举行，许多市民自发到场吊唁"。

舒尔茨在世期间，一直致力于保护胖玛丽，主要途径是种植其他植物、修路及布置周边环境、绘制地图、编纂目录。弗兰克·莫什认识他树林里每一棵由舒尔茨种的树。在舒尔茨的时代，这片林子还是一片空旷的荒凉景象，这从当时的"打猎计划"可以看出来，这个地方当时的主要狩猎对象是黑琴鸡，而这种动物主要生活在荒漠地区。由于柏林飞速发展且消耗大量木材，舒尔茨首选长速快的松树。胖玛丽周围的松树已经 138 岁了，这树龄是从栽种计划书里推断出来的。树旁边还可以看到标注"2/1"。说明是生长两年，用一年时间移栽，而后被继续种植。特格尔森林是"普鲁士式精确严谨"的范本，体现着惊人的规律和一致性，小树都像房子那么高，都只有细细的树干。尽管如此，它们其实已经是老树了，它们长在大树的阴影里，且必须等待头顶的天空亮起来，当一棵同类的较高的树被暴风吹倒或是死去，它们便能朝天空的方向伸展，当然首先是长出更宽大的树冠。若砍倒这样一棵干瘦的树，要用显微镜才能数清楚它的年轮，窄小的年轮都紧紧挤在一起。所以，树越细并不代表它越年轻。

莫什延续了舒尔茨的传统，他也喜欢测量和绘制地图，他当然是使用 GPS 工作的，这是他的爱好。现在，德国森林里"站立的储备"有 10％ 是死树，也就是说，计算树的数量时，死去的树是被计算在内的。因为森林的话语显然不仅是法西斯的，而且首先是一种市场经济的话语——由于生物学原因，1/4 的甲虫依靠死树以及在死树周围生存。10％ 的死树数量是很大的，所以这里看起来如此混乱不堪，横七竖八倒着腐朽的树，对整理癖患者来说就是噩梦。人们迷惑地走过所谓的"参考表面"，森林里这个路段是管理员不管的，放任树自由生长，植物们在那里生长、死去、繁茂、开裂、发芽，这块地至少是 714 公顷当中的 100 公顷。他自己有时候也觉得死树太多了，于是把干瘦的小树中的一小部分送到高耸着冷却塔的电厂。然而，大部分情况下，人们使用的是干瘦小树的代替品——从拉美和非洲运来的刨花，这种东西从海上用船运过来，运费更高，而一定要这么做的原因是让柏林人民能拥有"绿色海洋"。莫什说，应该把木头留给拉美和非洲人民，这一切都太疯狂了。尽管如此，有一次一棵老树由于交通安全问题而不得不被砍掉，莫什宁愿炸掉它也不愿意用锯子锯断，理由是：这样做不仅比被雷劈断看起来好看，而且残留的树桩会自然风化，给动物和菌类提供更多的居住空间、食物和用于分解的物质。森林管理员和景观建筑师的思想都包含着另一个时间段，这超越了他们本身的寿命，然而大自然对所有的"规划"来说都是不可预估的。

莫什一心为了胖玛丽的利益着想，他曾因看到那张百年前的照片上自由独立于草坪上的胖玛丽而震撼，于是下定决心保护它。他想继续在它周围帮它获取阳光，但不是特别大规模的。他接着说，也许可以把橡子发芽长出来的小树苗赠予这棵老树，种在漂亮的小花盆里摆放在胖玛丽周围，作为给柏林人这个近几十年来遭受后妈待遇的宝贝的礼物。这是个特别棒的主意。古有博格斯多夫的小盒子，也许将来会有莫什的小花盆。

大橡树
——阿鲁威尔－贝尔佛斯的橡树

橡树（*Quercus robur*）

约 1200 岁；高：18 米；周长：15 米
法国，上诺曼底，阿鲁威尔－贝尔佛斯；
北纬 49°59′，东经 0°67′；海拔：135 米

　　看到阿鲁威尔－贝尔佛斯橡树照片的人，大多数都会说一句："这完全是男性生殖器的形状！"且实际上，当人站在它面前，它看起来像在树干顶端套了一个制作粗糙的避孕套，这是一根没有树枝的树干，所以看起来完全就是一个健硕的男性生殖器，笔直地从浓密的树叶里伸出来，顶端戴着一顶小帽子，帽子上插着个十字架。因为我们现在身在法国，这场景会让人联想到另一幅画面，居斯塔夫·库尔贝于 1866 年在他惊人的画作《世界的起源》里留下的那个永久的诱惑——一个女性的下体，女性的阴部。我们这棵橡树是在树干上有一个造型美观的裂缝，若想要到树里面感受一下，可以从这个裂缝处挤进去，一进到这个精雕细琢的树洞里，就可以看见圣母像，圣坛上放置着一个小花盆，被一盏光线微弱的灯照着。树洞里弥漫着潮湿木头的气味，还有一点发霉的味道，要是在你之前有其他人进去过，你还可以闻到香水味。一棵树里面容纳一个小教堂是不常见的，用木瓦装饰的树也不常有，除了这两点，一棵树里隐藏着一个隐士的居所，并且几乎是座楼房，这就太罕见了。这一

切要感谢两位男士，他们凭借超强的想象力做出的疯狂举动，他们一位是牧师一位是修道院院长，塞尔索神父和迪特罗院长。

当这两位在 1696 年想到用阿鲁威尔公墓树做一个法国最特别的教堂这个主意的时候，这棵橡树已经 800 岁了。阿鲁威尔－贝尔佛斯现如今是一座种满鲜花的村子，满是木框架房屋，有约 1000 名居民。值得注意的是，这里到处一行紧挨一行密密地种着许多树，最多的是灌木，形成一米或两米高的树墙。有的农庄被两行灌木墙包围，这有力抵挡了从海上开始一路凶猛地越过平原最后狂吹到这里的西风，这种独特的人造林被称为"花园小房"（Clos-masure）。阿鲁威尔－贝尔佛斯位于一块高地上，下方流淌着塞纳河，它距离勒阿弗尔和流入大西洋的河口不远，塞纳河很宽，河道会经常改道。维克多·雨果曾住在塞纳河畔，威廉·透纳曾经画过这里的风景，他来过这里四次，因为他的雇主是当时的一类新书（导游书籍）的出版商。秋日的早晨，河面上一片雾气缭绕，而在高处的阿鲁威尔则阳光灿烂，几乎看不见一个人，极罕见地，会有一辆车停在路边，某个人冲进一家店铺，有人发动引擎。在这个村子的中心广场上，教堂旁边有两个小酒馆、肉铺、裁缝店、理发店、药店，当然还有那棵粗橡树——"橡树里的小教堂"。

有这样一种说法，说这棵树是在公元 911 年为了庆祝诺曼底的建立而栽种的。当时昏庸者查理三世与命令维京人向法国发起最后一轮进攻的洛罗（Rollo）签订了一份协议，将伯爵领地和主教辖区——也就是今天的上诺曼底地区转让给了这个来自北方的男人。非基督教的洛罗接受了洗礼，给自己改名叫"罗伯特"，还娶了查理三世的私生女吉塞拉。另一种说法更多被植物学家认可，认为这棵橡树年纪还应该再大 100

岁，应该于公元 800 年就发芽了。无论如何，当最著名的阿鲁威尔村民于 1585 年在当时的木质小教堂里受洗被取名为皮尔·贝兰·德斯南布克（Pierre Belain d'Esnambouc）时，教堂旁边的橡树已经是那里最大的标志物了。贝尔的父母因战乱负债累累，被迫卖掉遗产——德斯南布克庄园。于是，18 岁的少年便去勒阿弗尔港口找工作，而后在一艘驶向加勒比海的小船上工作。皮尔·贝兰·德斯南布克成了法国最著名的海盗，成了一艘船的船长，这艘船拥有在几内亚及巴西沿海以及其他地区的私掠许可证，他们最爱袭击西班牙大船。他在圣基茨岛上认识了一群曾经做海盗的烟草商人，回到法国之后劝说大主教黎塞留做烟草生意。在同英国人和当地的加勒比土著进行了各种协商之后，德斯南布克在马提尼克岛建起了法国在加勒比的第一块殖民地。当这位最勇敢的阿鲁威尔村民在热带地区被卷入数不清的冒险和打斗事件时，他家乡的那棵橡树也经历了暴力摧残。它被雷电击中并遭受恶劣天气，掉了许多主要枝干，现在不再是一棵高大的树了，只剩下了粗壮的树干。

耶稣会会士吉恩-安东尼·杜·塞尔索在 17 世纪末作为神父不仅掌管着公墓和阿鲁威尔的公共教堂，还管理着属于那座教堂的橡树。他和他风趣的朋友杜·迪特罗有一天突发奇想，想知道这棵空心树里大概能装下多少个孩子。两个神职人员召集了全村所有上学的孩子，把他们全部塞进树洞里，人挤人、人挨人，人上面还摞着人。据说里面装下了 40 个孩子，这个试验圆满成功，树木改建计划也随之诞生了：下层应该是一个对公众开放的祈祷室，上层是一个私人小屋，杜·塞尔索神父的隐居小屋，他可以通过围绕着树干的螺旋楼梯到达那里。因为杜·塞尔索不仅是神父，还是一位诗人，他主要写在耶稣会学校上演的滑稽剧。这两位先生讨论他们计划的过程，一定充满了乐趣，其间也许还会喝上一杯。

我们不应该把隐士的小屋想象得很宽敞，很难想象这里的写字台旁边还有放床的地方。祈祷室也非常小，1.75 米 × 1.20 米，高度倒是很适宜的 2.30 米，向上方看，不仅能看见树巨大的内表面，还能看见所有这些年来加进去的金属支撑物，安装这些支撑物是为了让整栋房子稳固也为了让楼上小屋的地板不松动。从这棵树的情况人们可以清楚地认识到：树的生命都藏在最外层，死去的树芯可以放心挖掉。重要的是，只要积极分裂的维管形成层组织不受损坏，就能向内形成白木质，向外形成韧皮部，由此，土壤中的水分和矿物质会通过新形成的白木质从树的根部被运送到树冠，同样，由叶子制造的糖和其他营养成分会通过韧皮部被从树冠运送至树根。这样一平方米一平方米地给树皮安装上木瓦，似乎没有给大橡树造成特别严重的伤害，它总的来说是最老的橡树之一。德国人引以为傲的那些所谓的千年老树，没有一棵达到这株实际上备受折磨的橡树的年龄。自从修道院院长和牧师在这小祈祷室做了弥撒并供奉了圣母玛利亚，这里便开始定期举行礼拜仪式，时至今日每年还举行两次。老照片上能看到穿着长袍的牧师站在树干裂开的入口旁，这个入口随着橡树持续生长变得越来越窄，穿着礼拜服来做礼拜的人排队一直排到大街上。在杜·塞尔索神父为了当老师离开了阿鲁威尔之后，隐居小屋就一直空着。顺便提一下，他的结局和他的整个人生经历一样惊人——他的一个学生玩一把手枪的时候，不小心把他射杀了。

阿鲁威尔并没有因为大橡树被改建成祈祷室而变得平静，这个村里住了太多奇特的大人物，罗杰·德沃就是其中之一。白发苍苍、长胡子、不修边幅，像一个老维京人或是阿彭策尔人，因为德沃很爱阿彭策尔，这在北方法国人里可不是寻常的喜好。他不仅是当地的记者，还是轻便式摩托车俱乐部和一年一度老年骑行大赛的组织者；组织圣像展览，展出来自 85 个国家的有 1200 年历史的圣像；组织向年轻人推广奋斗文化的俱乐部；组织退休老人去参加慕尼黑啤酒节；最主要的是，他是大橡树的代言人。他出版了许多关于这棵树的书，还出了一本集邮册，里面还带有平版印刷的老照片，照片上展示了玩耍的孩童，当然还有小狗、牧师、穿着优雅礼服正从马车上下来的女士，甚至还有身着传统阿拉伯服饰的希帕希（"一战"中为法国作战的北非骑兵）。在晚上，借着给全国最美树木颁奖的机会可以在电视上看见罗杰·德沃。最近他在日本电视节目里介绍了大橡树，另外，还有一件事应该感谢他，经他的介绍和推广，韩国人把大橡树看作祭祀之所，人们会不远万里来到这里做忏悔。

　　德沃经常在下班后到 Le Pousserdas 坐一坐，这是一家位于大橡树对面的用木头和老照片装饰的小酒吧。这个酒吧也是这个村子的烟草店，男人们会端着酒杯站在吧台前。作为《高书洼邮报》的记者，德沃必须要注意他写出的东西，他说：一个小电台发表的新闻都有可能掀起轩然大波。就这样，我们从半真半假的历史走向历史真相，他则开始做另一棵籍籍无名的树的石版画，那是一棵刚好长在大橡树附近的山毛榉。这棵山毛榉的树冠也没有保持自然的样子，而是被修剪成了像房子那么高的边缘清晰的圆柱体，一架梯子通向它树冠上一个像门一样的开口，一位男士爬上去，另一位男士在上面接他，树下面还有一位懒洋洋地躺在草地上。正方形的树窗向里面提供光线，这棵山毛榉的树洞可以容纳下 16 个人同时就餐。这棵树没有挺过法国大革命，也许是它样子长得太不进步了，被革命者点火烧了。

大橡树差点也遭遇了类似的命运，因为它是个与宗教相关的地方，而且人们还给它编造各种各样神奇的力量。"去除一切神秘主义胡编乱造"是启蒙运动的信条，在 1793 年，当一群"被酒精和蛊惑的话语灌醉的"革命者想烧掉大橡树时，应该是吉恩·巴蒂斯特·杜·博纳尔老师火速将圣母像搬出来放到了远处，又把一块上面写着"永不毁灭的教堂"的小黑板挂在了树上，大树就神迹一般地逃过一劫。又或许是喜爱这棵树的农民们用粪叉保护了它。教堂广场上的其他树木都被淹没在熊熊大火之中，只有这棵橡树安全地立在那里。

启蒙运动者们没做成的事，在 1988 年差点被当地政府做成了。这棵老橡树长斜了，很不美观地伸到马路上方。政府召集了专家们来出谋划策，一位英国教授主张把它砍掉，他的法国同事一致反对。另外，树干上长了苔藓，树皮被破坏了，并且还遭受着蘑菇的侵害。全教区居民都支持本国专家，于是政府对树做了昂贵的修复工作，从那时开始它被保护起来并留存下来，它是阿鲁威尔－贝尔佛斯的心脏。德沃说，"教堂里面就不再那么热闹了"，小教堂迎来过一位非常认真负责的年轻牧师，他来自非洲，但本地人却希望他离开这里，因为他们认为"一个陌生的黑人在这里当牧师"是不能接受的。现在，一个月会有邻近地区的牧师过来一趟，举行一场弥撒，否则就没人看管这座教堂。"这就是这帮好天主教徒折腾来的结果！"德沃责骂道。那位被赶走的牧师回到了喀麦隆，这个故事被德沃称为"这个村子的耻辱"，再美的修辞都没法掩盖丑陋的事实。他无论如何不会停止把全世界的资源引向大橡树，他刚刚还在同来自新加坡的树友交谈。但是，所有的大树猎人不论怎样都能在诺曼底找到他们想要的，比如罗博·麦克布莱德——全世界大树领域知名的英国人，公开将自己称为"树猎人"；或者在米兰行会工作的那位意大利人，专门在休息时间测量粗橡树，不是所有粗的树，而只是粗壮的橡树。

　　吵闹的维京人、海盗、狂热的神职人员和挥舞粪叉的农民，瓦片、金属支架、楼梯、地毯和干花，男性生殖器和其他淫荡的画面，面对所有这一切，人们几乎快忘记了到底是谁站在他们面前，是一棵特别特别老的老树。另外，还是一棵特别有生命力的老树，生长、发育、不断改变自己的形状。木瓦顶部裂开，和已经长在树枝里的金属支架互相挤压。这棵树，只要它还活着，且人们对它放任不管，它树干上的裂缝就会越来越窄，直至没人能穿过它挤进树洞里，圣母雕像会在某个时间被彻底吞没在树干里，孤独地站在黑暗中。

瑞士石松

瑞士五针松（*Pinus cembra*）

900 至 1200 岁；高：16 米；周长：6.2 米
瑞士，恩嘎丁，穆奥塔斯达施拉里格纳；
北纬 46°48′，西经 9°88′；海拔：2195 米

　　终于有这样一棵树，没有在它的树枝上被绞死的不受欢迎的人，没有在它的树荫下签订协议的贵族，也没有把它当作心灵守护者的印第安人，这棵树既没有历史意义，也没有文学价值，简直就像它所有的同类一样，没有任何奇闻异事。也许是弥补它的毫无特点，这棵树拥有许多名字。德国人叫它石松，还有因为错误判断叫它"刚果松"的；奥地利人和巴伐利亚人叫它 Zirbe 或者 Zirn 或者 Zirbel；意大利人叫它 cembro；瑞士人叫它 Arve；说莱托罗曼语的恩嘎丁人叫它 dschember；而英国人叫它"瑞士石松"。双名命名法的发明者卡尔·奈林将它划为松类，将它叫作 cembra，在此之后它的官方名字就叫作"Pinus cembra"（瑞士石松）。因为我们现在身处瑞士，在这里应该叫它"Arve"，因为在瑞士格劳宾登州有许多石松木屋。

　　想要看整个阿尔卑斯地区最老的石松，是需要一些时间的，攀登的过程也十分劳累，一条斜坡路通向这棵石松，更确切地说是从它旁边经过。从圣莫里茨出发，9 月的圣莫里茨宁静舒适，它的疯狂从冬季开始，到了圣诞夜强烈的疯狂气氛让人难以忍受。位于恩嘎丁北部的群山上下

都贯穿着索道和电梯，达施达茨峰就不是这样，没有车通往山上。石松生活在这些村子的北部，它们组成了树的边界，是高大树林的终结处，在它们之外茂密生长的都是矮灌木。这条森林边界不是静态的，会随着气温升高而向高处发展。像落叶松这样的先锋物种会先到海拔更高的地方生长，一旦土地准备好了，石松也会在那里生长，当然还要在不受云杉排挤的情况下才能生长，因为在全新世气候最适宜时期，即公元前8000至前4000年的温暖时期，曾发生过云杉大面积排挤石松的情况。然而我们，刚刚才从山下开始。

山下也处在一个很高的高度上，海拔1800米。恩嘎丁是一片广阔的平地，上面有犹如镜面般清澈透亮的湖泊，湖面倒映着美丽的云朵，四周的山不给人压迫感，但却巍峨庄严。弗里德里希·尼采在这里写下了《查拉图斯特拉如是说》的第二部，"永恒复返"的灵感就是他在席尔瓦普拉纳湖畔想到的。在尼采时代，恩嘎丁还很穷，整个地区由少数几个家族统治，这几个家族是中世纪时作为库尔地区的主教部门工作人员来这里赚钱的。他们到来之前，这里只居住着农民，这些人必须与极端的自然条件做斗争。年轻人都出去闯世界了，在完全无关的另一个行业打响了名号，就是恩嘎丁制糖人，这些人从15世纪开始给全世界带来了源自甜食的幸福，首先是威尼斯，随后是东欧和北欧以及柯尼斯堡等等。除此之外，恩嘎丁果仁蛋糕广受欢迎，那时的果仁蛋糕和今天的不一样，加入了石松松子烤制而成，味道和松子很像。恩嘎丁的经济是靠意大利发展起来的，出口木材以及高山牧场需要的牲畜，树林被大面积砍伐，木头除了用于出口也作为燃料，因为这里很冷，冬天时常在零下20摄氏度。直到1876年，全瑞士地区的树木砍伐才被树林警察法制止，这对石松和其他树来说都是件大喜事。现在，仍然有几棵这种原始树长在陡峭的山坡上，它们没有被砍伐，要么单纯是因为幸运，要么是因为长在人根本走不过去的地方。在山下可以找到那些倒霉的树，都被钉在屋里的墙上，或者做了摇篮和床，加工成桌子、小几和碗。

石松木有许多特质，使它成为极佳的室内建筑材料，它外观漂亮，红棕色带有黑红圆形木纹，气味特别好闻，有一种独一无二的香气，它浓浓的甜蜜气息让人难以忘怀。木质很软，很适合雕刻，它能驱除臭虫、蟑螂和蛾，此外还有很好的保温效果。另外，也许还有一个决定性的因素：石松木有很强的镇定作用，人们几乎认为它可以镇静安神。它确实可以让脉搏降下来，在石松木屋子里，心脏每天少跳 3500 下，这是芳香的树脂起到的作用。即使是 300 年前被伐的树，木头依然能散发香气，甚至更加温暖和圆润。夜里因睡不着而抓狂的人，在石松木的房间里可以舒适地睡个好觉，用石松木刨花做芯的枕头也可以让人安睡。也许正是所有这些条件，广阔无边的大自然、一片祥和宁静、绚烂的星空、小屋里的石松木床，是它们让尼采的心神安静下来，帮助他集中注意力。

在树林里穿行登山会让人忘记壮丽的风景，人们深入树丛，走在所有云杉和落叶松之间，它们的针叶已经开始变色，在掉落之前从绿色变成了闪亮的橘色，然后将在地上形成散发着香气的软软的地毯，它们粗糙的树皮呈鳞片状，让人想象打落瓦片一样把它们打掉。石松和落叶松是族群化生长的，喜欢长在彼此附近，蓝莓和阿尔卑斯红玫瑰也属于这个群体。落叶松生长得很快，石松则需要多一些时间，但它更能忍受没有阳光的阴暗环境。一个先锋落叶松林会变成落叶松与石松的混合林，最终完全成为石松林。山路很陡峭，对山地摩托来说太陡了，登阿尔卑斯的这种艰险人类就不想去尝试了，只有狗以非常轻快的脚步在树根和石头上蹿来跳去。树林发生了变化，我们来到了老树所在的区域，一眼就可以认出它们，它们如此巨大且令人肃然起敬，昏暗并强壮。一棵巨大的双干树屹立在一个特别阴暗的地方，它周围是年轻的落叶松，受这些落叶松的影响会让它活得更久。然后，突然有大面积光线穿过树林照进来，能看见天空了，又远又蓝，阳光轻触地面，所有一切都闪闪发光，变得明亮且友好。细长的草叶泛着闪亮的绿色，它贴着左侧路边，后面是山路陡峭的下坡，树干底部非常巨大，与地势完美契合，每一棵树都具备非常有效的静态平衡造型，这种状态完全和谐，从几百年前就开始，借助中空和凹陷部分对抗地心引力。树的空心部分是铁锈色，就像树里面被人放了铁砂，然而那就是芯材本身的红色。粗糙的树根像曲别针一样蜿蜒在路上，石松的根是钻孔式的，从根的侧面伸出地面，又伸进细窄的岩缝里。它不是精美漂亮的树，而是雄伟壮丽的，能让人回想起童年，无拘无束大胆地爬树，爬到很高的地方，抓着树枝荡来荡去。它的造型正适合孩子们这样做，新的枝形吊灯一样的树枝从树干伸出来，形成圆形树冠的框架，圆形树冠是老石松的典型特点，它们由于风和暴风雪不能持续长高，而一直保持蜷缩的状态，且变得越来越弯曲。它由于自身木质脆而易碎，已经习惯了在雪崩和极端天气之后失去枝干，所以它的表面满是裂开的伤口、疤痕、坏死的没皮部分。因为它之后还会长出新枝，这让它显得更加特别，像个对什么都漠不关心且闷闷不乐的老人。

这树的年龄大约在 900 至 1200 岁之间，不可能准确测出，因为它已经由于腐蚀而空心了，没法数它的年轮。1896 年，它被量过一次，113

年后又量了一下，它的树干周长长了 50 厘米，由此，树木学家们推测它的年龄在 1600 岁左右。若大家想到这里的冬天是多么难挨以及石松是如何坚强地活下来的，就应该用"活过了 1600 个冬天"来表述，这样听起来更加震撼。石松之所以能度过这里的冬天，首先由于它的生长周期特别短，只有 2 至 3 个月；其次，它的针叶中含有黏稠的细胞液，能够抵御寒冬夜里零下 40 摄氏度的低温，这和落叶松在冬季把树叶掉光的生存方法完全不一样。石松在这里是女王，农民们称它为"阿尔卑斯女王"，独自生长在海拔 2850 米处的非常勇敢的个体。年轻时代是这些石松最艰难的时候，度过青年时期需要付出很大的代价。不仅饥饿的鹿、羚羊和麋鹿是它们的威胁，更主要的是常年不化的积雪和过度潮湿，这会导致这些年轻的植物生黑雪霉病或遭受其他菌类的侵扰。还有灰卷叶蛾，这是一种不起眼的蝴蝶，这种东西每隔 8 到 9 年爆炸式地繁殖一次，在蠕虫阶段啃食落叶松，还会向高处爬去吃石松的针叶，它们也是一个巨大的危险因素。2016 年或 2017 年，它们会进行新一轮攻击。落叶松在 7 月底被啃秃了以后会重新长出叶子，而这样做对石松来说是很难的，它的针叶不适合这种短期的冒险行为，实际上它的针叶会在树上长 12 年，每 5 根一簇。不过，树林里树叶被啃光也是有好处的，因为这样阳光就可以直射地面，并使它暖起来，令地表植物变得茂盛，并释放出更多的养分。老树们是有抵抗力的，它们在暴露的环境中非常坚韧，就比如在这里，因为它上方已经没有其他树了，人们站在明晃晃的阳光下，可以俯瞰整个恩嘎丁，壮丽的景色足以让人热泪盈眶，甚至完全相信大自然有神明。几百年来，石松一直站在林带的最上缘，它经历了若干代落叶松，这么多落叶松来到它周围，而后又离开，只有它自己一直立在这儿，而且，若没有雪崩将它压倒，或雷电将它击倒，它将会一直站在这里，因为它强壮且健康。当一棵老石松死了，人们不会将它砍倒或移走，森林管理员要把树留给森林，上百年来一直这样：为了上百万的生物，为了靠木头生存的蠕虫和昆虫，为了蘑菇、苔藓和地衣，把死去的石松留在这里。

即使在石松活着的时候也有一种动物与它有联系，在上山的途中就能听到它"嘎嘎"的叫声，声音大且有穿透力，这是星鸦，一种鸦科鸟类。石松能够生存也要感谢这种深棕色带米粒大的白色斑点的鸟类。根据这棵树所在的高度来判断，它的种子也许是在公元950年的一个秋日，被一只星鸦藏在了突出的岩石或一块石头下面，之后被遗忘了，那个时候，这里还由施瓦本公爵鲁道夫统治。石松的种子都在松塔里，松塔上有已经退化了的残余侧翼，然而松塔太重了，风根本不能把它带走，因此它需要依靠其他的助手。星鸦从8月开始采集树上所有的松塔，并带着它们飞到所谓的"松塔车间"，它们把松塔卡在树桩或树杈里，之后用它们长长的坚硬的喙把松子一粒粒剥出来。一只星鸦可以在嗉囊里容纳上百颗种子，超过了平均每一枚松塔所含的松子数量。它们会吃掉那些从植物学角度来说不算是坚果的种子，或者将它们储藏起来作为过冬的储备，大部分藏起来的种子都会被找到，有些则不能了。这些没被找到的种子里，有一些有机会长成大树。在恩嘎丁的研究显示，一个由一对夫妻和一双儿女组成的星鸦家庭，一年内能收集5万粒石松松子，分几千处藏起来，它们运用娴熟的技巧，即使在深冬也能找回大约80%的松子，它会在雪里挖倾斜的隧道。之所以会有双干石松，就是因为有两颗被星鸦遗忘的种子在这里发芽了。在20世纪60年代，星鸦一度陷入坏名声，人们认为由于星鸦把石松种子都吃光了，石松会就此灭绝。这种鸟开始被猎杀，并且数量急剧减少。直至科学家最终能够证实，情况完全是相反的：没有星鸦，阿尔卑斯地区就不会再有新的石松。

确实有一只星鸦从高空俯冲下来，减速，落在旁边的一棵树上，认真凝视着我的狗，然后又继续跳到远处，继续操劳它一天的工作，这工作能让它在冬天填饱肚子，也有可能会让一棵小植物在春天发芽，之后长成一棵大树，到2055年左右会第一次开花。后者的可能性虽然不大，但确实存在。

椴树镇的椴树

大叶椴（*Tilia platyphyllos*）

600 至 900 岁；高：25 米；周长：18.1 米
瑞士，阿尔高，椴树镇；
北纬 47°47′，东经 8°13′；海拔：583 米

1974 年 9 月，当一架直升机降落在亨利希·科勒的花园里时，他正在给一头奶牛挤奶。他从牛棚里跑出来，又马上跑回去继续挤奶，然后他脱掉工作服，登上了直升机。驾驶员是他在部队时的老相识，协同空中救援队的两名医生在飞行途中来到椴树镇，别无他干，纯粹为了喝杯咖啡。镇里的几个孩子也跳了上去，然后飞机就嗒嗒嗒地起飞了，绕着挂满秋叶的椴树飞了好几圈，然后越过加伦基希向南直飞到阿勒河，沿着河道飞行了几公里，最后又飞回椴树镇。在降落到花园之前，又围着椴树飞了一圈。人们从远处就能看见大椴树，因为它在这一片丘陵景色中如此显眼，就好像在河那端的哈布斯堡一样。

"那时候，这棵树还是完好无损的"，科勒·亨利希抱怨到，我们这边会叫他亨利希·科勒，而这个镇子里的居民普遍会先说姓氏后说名字，家族宗亲关系非常重要，科勒家族也是如此，他们从 1666 年开始生活在这里，是从伯尔尼移民过来的，他们在祖先之下有"下级监护人"或者直接叫作"监护人"。这位面庞俊美清瘦的老农民是这个镇里最著名的男子，另外他还是这里最聪明的人，就如他女朋友汉尼一再强调的，"没有

人像他这么聪明"。他一生未娶，虽然曾有不少人想要嫁给他，但每次都被他母亲阻止了。再过 4 年他就 90 岁了，汉尼成了寡妇之后便把他接到了自己家，汉尼的姐姐早前是他家的仆人。她自己从未想过要搬到亨利希家里去住，汉尼说，她也 80 多岁了，她的两个孩子分别住在泰国和澳大利亚。

这个干干净净远离任何一条主干道的偏僻小镇，位于贝茨贝格山口的南部边缘，用瑞士最著名的树的名字为自己命名，有 129 名居民，是阿尔高州最小的镇子。以前，在亨利希还是镇长的时候，有 91 名居民，18 个农庄，在村道边上一个挨一个地排列着，几乎所有人都是小农民，除了科勒家，他们是一个人家族，还有一个相当大的农庄。"小农民们也是嫉妒他们大家族的，自然也会有些抱怨，但是，这些村民只和北边的加伦基希人是对立的。加伦基希人不仅占有更多的土地，而且狂妄自大，因为他们认为爱尔兰传教士加鲁斯（550—640）曾于公元 612 年在继续东行之前在他们的地盘布道，并且在那里修筑了一个隐居住所，那个位置现如今修建了圣加伦修道院。加伦基希人还喜欢宣称是神圣的加鲁斯种下了这棵椴树，这个说法意味着这棵树已经 1400 岁了，这完全是一派胡言，就和许多关于这棵椴树的流言一样。每隔几年就会有某位专家提出新的观点，在树旁边挂块新牌子来加以注释。"科勒·亨利希这样说道，在他说话期间，汉尼正在厨房准备土豆块加菜豆烩猪排，边做饭边将边角废料放在机器里打碎压缩及搅拌。椴树几百年来都被作为基督教的象征，被看作守护和平倾注爱意的树，由此人们得出结论：加鲁斯将树种在这么显眼的位置，是给游人和朝圣者的标志树。这个说法中的椴树可能是我们今天看到的这棵树的前身，现在这棵树是被后人种在原来那棵树里面的，"将新树种在已经空心的老树里面"是种椴树的常用方法。通过这种方式，一棵树转变为另一棵树，而且一直有一棵老树立在那里。1307 年，这个镇子第一次在文献中被称为"椴之镇"，三代人之后，这个镇得到了它最终的名字——"椴"。

这棵椴树和这个镇子从几百年前开始就有各种千丝万缕的联系，要进镇的人必须先经过椴树。也许这棵树还是棵"驱瘟树"，就是能够祛除病害，保护老百姓不受瘟疫侵害，坊间流传着许多这类传说。椴树有心形的叶片，用它的花泡的茶有缓解病痛的作用，这都意味着"保护"。还有这样一种习俗，在树干上钻一个小孔，将邪魔和疾病关进去，最后把孔用塞子堵住。1348 年一次瘟疫席卷欧洲大陆，2500 万欧洲人死于这场大瘟疫。这数字相当于欧洲人口的 1/3，更戏剧性的后果是，犹太人被认为是这场灾难的始作俑者，人们把他们称为"投毒者"。瘟疫使人口大量减少，也给植物界带来影响，几代人经历了农业崩溃，空气中二氧化碳含量降低，但却足够树之类的植物进行光合作用，在草坪和田地里各种树都能生长，森林能够再次繁茂起来和这一切都是分不开的。另外还有一种经常出现在教科书里的解释，说椴树镇有一半的居民死于大瘟疫，有一个幸存的马夫，他不能把所有的死者都运到南贝茨贝格的坟地去，所以这个可怜的人就在村口挖了一个巨大的坑，把他的亲戚和邻居都埋了进去，并在坟上种了那棵大椴树。这个说法促使考古学家在树附近进行挖掘，可什么也没挖到，"这太好笑了，"科勒·亨利希说，"大家就应该让大椴树安安静静待着。"

1348 年是一个似是而非的种植年份，似乎符合受保护的年龄。一棵椴树之所以被种下，是用来保护人类或者纪念死者，然而这一切并不完全符合逻辑，这个镇在这个时间点之前已经以椵树的谐音来命名了，种树只是为了强化一下这个名字。当一棵老树很久以前被种下，并没有因为意外而生活在某处，这总有一些特殊的原因，比如，若它是一个动物，不是野生动物，而是一只被呵护的双手保护的狗，能被委以一些类似狩猎或叫醒的任务。这棵树的任务就是将瘟疫驱散，或者是作为一个审判场所，或是人们集会的地点，或者作为纪念死者的场所。也许，它的前身确实在公元前长在一个坟墓上，而这，又是另外的传说了。

严肃的路德维希·罗赫霍茨，一位备受争议、疑似宣传反基督教思想的来自巴伐利亚的德语教师，在阿尔高找到一份工作，搜集当地民间传说，于1856年写下了关于这棵树的一段话："这棵树确实长在一个大坟地上，几百年来，人们经常将周围庄稼地里的碎石细心地拣出来，堆到树那边去。这片坟地可能从荒蛮时代就在这里了，上面的纪念碑和墓碑很长一段时间都被当作树周围的围墙。"罗赫霍茨仔细看过这些石碑上褪了色的碑文，并就此问题走访过这里的居民，也许他也曾在亨利希·科勒那座建于1820年的小房子里同科勒家族的一员聊过天。这座小房子是一个昏暗且矮小的空间，贴了瓷砖的壁炉，一张长桌，上面有许多叠放整齐的报纸。屋子的窗户很少，原因是太冷了。这里是个刺骨寒冷的地方，它位于所谓的"侏罗纪大喇叭"，时常刮着大风，这是一个粗糙荒蛮的地方。科勒说他自己是一个阻止者，一个司闸员。他曾经和所有那些人做斗争——地方规划员、政府议员，还有其他一些农民，这些农民为了让联合收割机开起来更方便，而想扩建镇子和拓宽马路。时间证明了他是对的，现在那些人很高兴，椵树镇一直还是一个属于农民的镇子。当然，有一些人还是不满意的，他们就是那些根本不了解这里原来的情况而只带着时髦的想法来到这里的人。也是这些不满意的人赋予了大椴树"敏感"和"脆弱"，不像那些农民，农民们用推干草的车撞椴树，并悄悄把受伤的树枝锯断。

大伙常看见科勒·亨利希站在镇子外面的大椴树旁，那里停着邮局的车，还有三三两两的人坐在长椅上，亨利希看着眼前的风景，目光一直朝北投向哈布斯堡，虽然椴树镇距离小城布鲁格只有10分钟车程，但乡土气息十分浓郁，这种乡土气息影响这里的人们，使他们反感北部地区的人，海德堡人、伯尔尼人或是最近的布鲁塞尔人。

若认为一提到哈布斯堡就是远在奥地利的事情，那可就想错了。哈布斯堡帝国开始于这里，就在这个地方，在阿尔高州，在距离大椴树直线距离两公里的地方。第一座山地城堡应该是由拉特伯特伯爵（985—1045）所建，1020年，在一小块位于阿勒河北岸的山间平地上，起初用木材修建，之后用了石料。宏伟的塔楼与经过几百年不断改建的城堡其他部分相比要更加坚固。奥托伯爵（卒于1111年）是第一个被哈布斯堡授予头衔的人。在哈布斯堡的庭院里，人们可以坐在矮墙上观望大椴树，它确实像一个在地平线上的孤独地标，完全看不到它后面的镇子，因为镇子地处一片洼地。对那里的小老百姓来说椴树就好像是一位虽不再完美却依旧美丽庄严的女王。

这里的每个人都知道哈布斯堡和大椴树之间的联系，老百姓口口相传的一句老话印证了这一点——"大椴树把小脑袋瓜放在鲁迪家的房子上时，世界就沦陷了"。这里的"小脑袋瓜"指的是椴树投下的树影，"鲁迪"指的是来自哈布斯堡家族的第一任神圣罗马帝国皇帝鲁道夫·冯·哈布斯堡（1218—1291）。还有一种反过来的说法："当椴树不再把树影投到哈布斯堡，世界就彻底不见了。"有些东西会随着时光流走而消逝，现如今大椴树和城堡之间相距几公里，中间隔着河流、公路、田野和山丘，高速公路蜿蜒地穿过这片土地。前面提到的"投下树影"这个说法让许多人伤脑筋，"二战"期间，数学家维克多·沃勒进行了高难度且极复杂的计算，得出结论，在1945年8月26日晚上7点10分左右，太阳会消失在大椴树背后，而此时的树影正好会落在哈布斯堡，而且8月26日特别适合观察这一现象，有相同效果的还有4月17日。时至今日，谁若想在这两个日子其中之一去哈布斯堡体验一下世界是否会沦陷，不该忽略温度适宜的夏季。哈布斯堡的统治者在这个城堡生活了200年，之后这座城堡对哈布斯堡家族来说变得过于窄小局促了，1415年同盟国最终占领了阿尔高，最初在维也纳兴建大业的哈布斯堡人丢下了他们的祖居城堡，瑞士继续艰苦卓绝地顽强抵抗。

这棵椴树如此出名不仅是由于它的历史意义，更多的原因归结于：若忽略掉它由于缺了一些主要的树枝而从某个角度看起来像被咬过的果子，其实它和人们孩提时代画的高大老树非常像。粗壮、笔直的树干上带有深深的裂纹，巨大的树冠，夏天有浓密的树叶，秋天有金黄色有光泽的叶子，冬天有魔幻般造型各异让人浮想联翩的树枝。立在一块空旷的地方，周围满是青草，草地上有带花纹的奶牛，望向四周可以看见树林的边缘，这么好的视线让人忘了这里在一年中好几个月都是瑞士雾最大的地方，会让一些人陷入忧郁或者完全精神错乱，是一块常发生谋杀案的狭长地带。

大椴树对于这里的人来说比教会的力量更令人安心，这导致了各种对宗教的否定态度。随着宗教改革的推行，这种态度越发强硬，镇里的小教堂被要求必须拆掉，圣母像和十字架被搬走，而且邻镇教堂里的宗教画像都被用油漆涂上了，虽然人们对这事也有抱怨，但当时天主教确实被逼退居幕后了。幸存下来的是椴树之神，比如从大瘟疫时代开始居住在椴树里面授予人们神谕的白种女人。1586 年，一个叫安娜·麦耶的女子逃了出来，因为她和那棵椴树几乎只会确认死亡，人们想把这个女人斩首并将树砍倒，他们说这个女人在树下与魔鬼进行了机密对话，不能想象当时镇里的居民是何等愤怒，他们最后将这名女子驱赶出了国家边界。

贝茨贝格一直不太平，在罗马时代就已经是重要的交通枢纽，奥古斯特·劳丽卡在那里建立了文多尼萨营地，在中世纪与奥地利结为联盟。最明显的特点就是连续不断的征讨，以及这里的居民忍饥挨饿、被奴役被剥削，此外，还必须要负责给出维修保养关口的费用，所以居民们从未停止过抵抗运动。这个地方，现如今在农田里插了大牌子，牌子上写着"贝茨贝格禁止存放放射性废料"。这显然属于最温和的反抗形式了。到处都有闷声抱怨的顽固派，科勒·亨利希就是其中之一，他自己这样说道。

1863 年，椴树被烧毁了，遭到严重损坏，人们将一棵小树种在它的树干里，然而这棵新树又在 1908 年被第二场火烧毁了，年轻人和篝火对树木来说真是毁灭性的组合。大部分树冠都死掉了，因为一棵空心树在燃起熊熊大火时会起到一个烟囱的作用。20 世纪 30 年代，发电厂的工人用电缆将老树的树枝绑起来，以抵挡风雪，另外还用砖头将树洞简单封了一下口。那些电缆在树上绑了 10 年之久，最后生了锈，使树畸形，像亨利希·科勒所说的"它切断了树里面水分的流通渠道，导致树枝断裂，呈现出一幅特别凄惨悲凉的画面"。他在镇居民大会上大声呼吁，大家必须对此做点儿什么，但是没人支持他，因为他曾经要求过大家伙儿原则上反对的事情。居民大会上出现了一片喧闹骚乱，这种集会虽然允许妇女参加，但很少能看到她们的身影。汉尼抚摸着科勒的胳膊对他说，她给他买了那件红毛衣。

接下来，便到了科勒当镇长的时代，他说"他们选了我，所以说我也不是那么不招人喜欢。那时候，乡镇代表大会由三个人组成，比现在简单，现在由五人组成。三人时期，一个人负责发言，另外两个负责做顾问，科勒就是当时的发言人。所有的信访信件都寄到他家，无论如何他都会把没扔掉的信带去办公室，大概占总数的1/3。他把对椴树的再开发当作镇代表大会的头等任务，为这件事拨款8000瑞士法郎。然而，从伯尔尼来了一个自称是外科医生的人，带来个预算为37500法郎的方案，方案细则包括施肥和照料椴树等"。这人被科勒打发走了，然而科勒却没能彻底摆脱他，因为那人又去找州政府了，结果建设部打来电话做了担保，让科勒将拨款经费的一半给了这个人。在那之后，又出现了自然保护组织、家乡保护组织，最后还有一家家具厂 Möbel Pfister 要为保护瑞士最粗的树捐款。（后来人们才知道，它已经不是最粗的树，因为有几棵红杉超过了它。红杉生长速度快，19世纪50年代以后在富人圈里流行起来，主要在工厂主的别墅附近，还会在公园里看到这种来自加州的庞然大物在彰显富贵。人们只进口了特别结实且质地均匀的树的种子，到今天，若在瑞士开车时仔细留意，也总是会看到有那么一棵从众多树之间高耸出来，150岁的精神抖擞的年轻软木，用途十分广泛。无神论者们看到这些树比教堂尖塔高的时候，就会很开心，他们说"这是在向人类证明什么才是真正的'大'"。)

然后接下来发生了这样的事情，三位男士专注地处理大树处理了几个星期，1979 年 7 月 2 日，他们也在树里工作来着。当一位妇女的呼喊声响起，椴树镇里根本没人知道到底发生了什么。据这位太太后来所述，她当时站在一座高楼的阳台上，透过望远镜发现椴树着火了。那三位树木管理员刚好到镇里的小酒馆休息，以至于到人们来找他们的时候，他们都很难明白到底发生什么事儿了。他——亨利希叫了一辆消防罐车来救火，当时的接线员小姐还在问："是哪家店铺着火了？"而他则咆哮道："不是店铺，是树！"这几个树木管理员本来想在树里面做一些打磨，让鲜活的组织露出来。在此过程中，他们可能吸烟了，也许就这样导致了火灾。12 个消防员，警察，甚至镇政府的工作人员都来了，一个巨大的团队。人们必须精准灭火，他们不断地从上方给树里面浇水，到处都是蓝烟。这三个树木管理员无声地站在一旁，其中一个甚至哭了起来，这是个特别年轻的小伙子，他感到特别遗憾和抱歉。被烧之后的几年，椴树上不同位置出现了枯死现象，10 厘米厚的将近一人高的木头直接掉下来，这是被烧的后遗症。但是它恢复过来了，那位年轻的树木管理员一直独自精心照顾它。"尽管他们对大椴树做了许多尝试，比如把它的根部挖出来，在空气中暴露了两天，目的是要给它换土，但这全都是胡闹。"亨利希说，但他现在已经不再为这些事烦恼了，他说他现在想去旅行，汉尼也点头说他们要过有趣的生活。

当时那个被吓呆的年轻人现在成了一位被认可的专业人士，他和几个朋友住在一个有机农场，在那里生产有机葡萄酒和果汁。他的企业名为"椴树养护"（Tilia Baumpflege），商标的图案是椴树镇的椴树，没有几根枝杈却很雄伟。也许没有人像马丁·艾博一样同这棵树有如此紧密的联系，他内心混合了对这棵树的负罪感、补偿心理、敬畏和喜爱，而且他必须认识到，知识是源于错误的，人们从错误中汲取经验教训、学到知识。艾博并没有绝口不提自己犯下的错误和必须要做出的补偿，他说他到今天也不知道是不是一个点燃的烟头还是机器的火花引发了那场火灾，但他是当时的工头，他要为这个事件负责，即使他那时才22岁。过去的他年少轻狂，觉得了解关于树的一切知识，然而今天他才明白，人们知道得少之又少，还需要一直不断学习和研究。很巧的是，那时的诸多关于森林灭亡的讨论带来了一个巨大的飞跃——突然有大笔钱被投入到科研上。

艾博说，大多数情况下这些成为原始老树的树都很特别，这种树长在树林边缘或者山顶，就像这里，这种地方常有风暴，常有冰冷的寒风吹过，很快会把土地吹干，周遭的生存条件全部非常恶劣，而这些树必须要与环境抗争，生长很缓慢，但抵抗力极强。一棵年轻的树很容易死掉，比如因为长蘑菇而死，然而一棵老树不会轻易死去，它几乎能够永生，特别是非常喜欢再生的椴树，这种树即便已经非常老了，却还能在某种程度上保持着年轻。在它们中空的内部会形成内部根，这种根被称作"圣灵降临根"，它们从巨大的树干里伸出来，伸向地面扎进土里，或向上生长，直伸向树冠，很难将它们同老树的树枝区分开。椴树就在我们眼前这样生长，虽极缓慢，就像椴树镇的大椴树，树干的周长在30年里只长了20厘米。

马丁·艾博对椴树的偏爱表现在他说了许多次"我很遗憾"，这遗憾不仅是对那场大火，也是对人们之前如何对待这棵树，特别是出于无知而对树做出的一些错误的处理方式。也许艾博要强调的是，他把这棵树当作一个平等的对象看待，当一个有自己诉求的活物，是会对外界影响产生反应的生命体，对风、严寒和干旱，当然也会对来自人类的虐待有反应，比如为了给它深度施肥而在地上挖坑（现在人们知道了这对它根本没有用）；又比如在支出去的又老又粗的侧干上打上斜对角的穿透孔，用小树干作为新的支撑，树枝被简单粗暴地捆紧，根本动不了；或者，给大树安装很细的排水管，来帮助湿润的主干排水，因为人们认为"防止腐烂"是一个非常重要的环节，这样做可以防止树继续空心。那段日子里，树被凿、被刨、被磨光，被用伤口闭合工具处理，或者干脆用黏合剂封闭，人们拼命地做着这些事情，因为他们想给大树最好的。那时候是1979年，人们设想裸露在外的木头会腐烂，所以必须做防水处理，空心树干是对树的损害，会让树很快死掉。其实，死掉的芯材对老树来说并不重要，这和长着新鲜芯材的年轻树完全不一样，老树会割断和舍弃一些自己不需要的部分，分化能力强的形成层构成的愈合组织能将受到侵害的部分覆盖住，并允许覆盖层下面的、已经生病的组织腐烂掉。老树们会在治愈伤口、烂掉患处和形成新木质之间找到一个平衡。它们的自愈能力发展得很好，那些人们今天在废掉的枝干上看到的人为加入的伤口封闭材料只能阻碍树的自愈。另外，时间长了会出现裂缝，并导致细菌和真菌入侵，然而这件事人们直到30年前才知道，是一位到过欧洲的美国人，埃里克森·L.志高通过观察和研究发现了这些。艾博说，大自然是评判者，它会显示出哪个体系是成功的；另外，大自然本身也在一直发生变化，这棵树经历了许多气候变化，它都靠自己适应了，一直是成功的。当树开始"翻新"工作的时候，它们看起来是不好看的，外表皮向内生长，树冠与树干的连接处也是如此，树干上爆裂开的组织向外生长，像癌症肿瘤一样从树皮上凸起。而且，整个树的状态是紧绷的，在树里面，150年前长出的小树干的残余部分紧压在树皮上，长在树干里面的内生根沿着内外树干的夹缝生长。值得庆幸的是，树只是重新搭建，并没用像曾经那些树木外科医生那样使用黏合剂加固。艾博顺便说了一下，"树木外科医生"是他不喜欢的一个词，它显示了树木保护者们在早期，他们事业很繁盛时期是如何看待这个工作的。在"二战"及战后的时间里，当许多树木由于轰炸而受伤，人们想把它们当作文化遗产来救治，就连过后的一段时间，树木养护也被赋予一种神话色彩，简直令人不堪忍受，那些言论通常是身为老纳粹分子的树木外科医生的日耳曼空谈。艾博说，当年他在海德堡读书期间，这些话简直快让他疯掉了。

尽管使用的是野蛮的方式，但是人们还是做了许多正确的事情，让这棵树现在恢复得很好，这一点是艾博如今最为看重的。从上一次（也就是25年前）修剪树冠之后，人们只对它做过局部修剪，以免造成不必要的伤害。还安装了几个可拆卸的支架，几年前更换了马路边的一块被融雪剂污染的土地，因为融雪剂会对树造成很大的伤害，换土的过程中大家使用了一种保护树的特殊工具，即所谓的"空心镐"，并在里面灌注了新的基底填充物，一种熟堆肥，再之后，给椴树浇了两年水。现在只需要剪掉感染了真菌的树枝，应急反应还是要做的，有时候一根在春天还活得好好的树枝，到了秋天就死了。真菌是看不见的，但是非常重要，树不会对它们采取对抗措施，只与它们合作而不抵抗它们。剪枝的时候，工具必须消毒灭菌。另外，还要特地留出一块空白空间，以使来参观的人和当地人能够心情愉悦地在广阔的美景中坐在长椅上欣赏椴树，就像科勒·亨利希一直喜欢做的那样。当 8 月 1 日瑞士国庆日到来之时，艾博为了安全起见专门派了一名学生去看守椴树，国庆期间的烟火令他非常紧张。

椴树镇的椴树非常强壮健康，是一棵树该有的样子。1999 年，飓风"洛塔尔"在瑞士登陆，在午餐时间的短短两个半小时里，吹倒了上千万棵树，而大椴树在毫无遮挡的山顶抵住了狂风，屹立不倒，风停之后，它依然风轻云淡地立在那里，像什么都没发生过一样。

云杉 Old Tjikko

欧洲云杉（*Picea abies*）

9550 岁；高：5.05 米；树干周长：40 厘米
瑞典，达拉纳，福禄山国家公园；
北纬 61°，东经 12°；海拔：850 米

忽然来了一场暴风雪，我在一个荷兰人身后步履蹒跚地走着，他的腿好像突然长长了一倍，步子也大了一倍，如果能踩着他的脚印往前走就比较容易走，然而却只能每走两步才赶上一个他的脚印，中间的一步会陷在没膝盖深的新雪里，雪下面是柔软而富有弹性的石蕊，这种环境中的石蕊长得又厚又密，因为此处没有以它们为食的驯鹿。这是一种罕见的步伐，一只脚深陷下去，另一只脚滑过去。在暴风雪中，前面是白色，上面是白色，下面是白色，天旋地转头晕眼花的感觉，皮肤冰冷紧绷，脑子里想象着阿蒙森带着他的科考队走在去南极的路上，他们那时候是怎么克服这一切的呢？我完全信任这个荷兰人知道要做什么以及要往哪儿走，精神恍惚地踉踉跄跄跟在他身后。

早上的时候还没有预见到，"徒步去看世界上最老的树"会变成科考探险，尽管迪克·布拉奥博尔警告过大家福禄山国家公园的天气会突然骤变。他说"明天会好一点"，然而明天是他家孩子的生日，所以就今天去看树。这棵树是一棵 9500 年的老树，名叫 Old Tjikko，生长在远高于树林边界的地方，长在高沼泽中的某处，眼下很难想象到在什么样的一个地方。仅有细小的矮灌木枝从新下的雪里伸出来，其间是布满地衣

和苔藓的碎石块，石块上偶尔还有血迹，一块块斑驳的红色，像是受伤的动物留下来的，其实那些印记是被雪压碎的蓝莓留下的。迪克讲述道，地衣和苔藓除了闪闪发亮之外还有各种色调，那种每分钟一变的色彩游戏是人们所能想象的最动人心魄的事情，空气越纯净，冰岛苔原就会反出越强的光。这些色彩就是他离开荷兰定居瑞典的原因之一，绚丽多彩的颜色，空旷少人，野蛮原始的冰原带。他停在了一块长着地衣的石头旁，指着严丝合缝拼在一起的叶形鳞片说，这里每一块小斑点都是一个共生的生命共同体，由极小的真菌和另一个同样微小的绿藻一起长出来的一个地衣个体。这让我突然回忆起另外一次旅行，那是在纽芬兰，那里有一对夫妇，他们 60 岁才认识彼此，两人都是研究人员，认识之后便开始结伴环游世界，一直在寻找稀有的共生体，那时候便已经清楚，共生这一特性不仅限于地衣，这两位老人是幸福的一对。风雪更加凛冽了，眼前笼罩着一片白色，也许还闪着彩虹光，但是身体对外界的感知减少了，有一种压迫感，脚下突然一滑，鞋子陷进一片泥泞，这个时候与其哀叹错过了好风景，还不如集中精神好好走路。在斯堪的纳维亚半岛，有 4500 种昆虫、菌类、地衣和苔藓将死去的树作为生存空间，比如松萝地衣，挂在树上摇摆晃动，像浅绿色毛茸茸的胡子。在过去，人们会收集有毒的地衣，把它们和捣碎的草、剁碎的肉混在一起，然后当作诱饵投给狼，狼吃完之后就会痛苦地死去。几乎在任何地方，人们都认为狼是可恨的。

不久前，在下面的山谷里，还是温和秋日，哪里都没有暴风雪，在这座神奇的闪闪发光的树林里有无数死树的树干，它们像受着痛风折磨的魔鬼手指，从沼泽里伸出探向高处，穿过树林便可以走上小路。树林里主要是松树，长在很低的地方，像长满苔藓的岸边礁石。这座千年的森林里，许多松树超过了五百岁，这些树刚发芽的时候，这块土地还不是瑞典，而是挪威。这些树既不特别高大也不粗壮，但特别坚韧浓密，在死后两百年依然立在那里，之后再倒在地上两百年，直至不复存在。从年轻到彻底被分解，在一段明显被拉长的时间里充分体现存在感，这得益于这里极端的环境。只要设想一下，是谁和什么在这里啃咬、咀嚼、消化和排泄，就会顿生感激之情。在这样一块森林里，没有修建马路和开展木材加工业的可能性，因为这里地面泥泞湿滑，大自然处在一片宁静之中；另外，这里完全不屈从于人类，和几公里外的地方根本不是一番景象，在那里，塞纳尔这么一座连酒都买不到的小镇周围，由于林业经济的发展，树木被大量砍伐。

安娜·奥斯多特（1811—1910）走过这条泥泞的小路，爬上陡峭的山坡，也许也会在像今天这样的日子里，阳光灿烂又突降暴风雪，穿过高沼泽又爬上另一面山坡，再走下去，日复一日，不断地边走边织毛衣，走在往返于塞尔纳和挪威特吕希尔的70公里路上。塞尔纳是1734年卡尔·冯·林奈去做过研究的地方，从那时起卡尔以他关于植物有性繁殖的观点掀起了植物学的一场革命。安娜·奥斯多特是一名邮递员，她一生都做这份工作。当她年纪渐渐大了，教会为她提供了一匹马，但她婉言谢绝了，原因是她骑在马上没办法织毛衣！还有一位牧师也曾行走在这段路上，只是胳膊下面夹的不是毛线团而是《圣经》。为了不迷路，必须要在树上做标记，不是用颜料标记，而是直接在树干上刻上垂直的划痕。时至今日，在游览地图上仍然能看到这条被称为"邮递小路"的路。树上的划痕在历经百年之后依然清晰可见，这里的树生长得如此缓慢，仿佛整个北方世界都在慢镜头里，伤口愈合自然也快不了。

随着山势上升，树的种群发生着变化，松树减少了，首先出现的是云杉，最后只剩下长着扭曲树干的费耶尔桦树，现在恰好周围都是矮灌木，但愿能看见著名的云杉。阿尔卑斯山地区几乎位于海拔 2000 米的树林边界，这里大约在海拔 800 米处，然而，就连在下面洼地里的树林，从这里望去都只会被猜测是深色的斑块，另外，还有瑞典最高的瀑布——从高沼泽里倾泻而下的纽佩斯凯瀑布，它的咆哮声也早就渐渐消失，还有供人们休息的小木屋，看起来非常遥远，简直不确定到底是否真的存在。

迪克·布拉奥博尔不再向游客提供包含过夜的行程，因为人们害怕住在没有电的小木屋里，大家平日里生活的现代社会有即时联系，使得他们不再习惯切断一切与外部联系的生活；他们还害怕棕熊和数量已经锐减的狼。许多人会在半夜因比较大的嘈杂声而产生一些莫名的症状，大多数情况是肚子疼，然后还有其他各种不适。所以，迪克不希望再发生这样的事情。他并不经常去 Old Tjikko，因为不是很多人对这棵一点儿也不雄伟壮丽的老树感兴趣，看见过这棵干枯瘦小的云杉的人，大多都失望了，随便一棵村子里的栎树都比它更令人印象深刻。从斯德哥尔摩出发到这里，单单在路上就要消耗 5 个小时，所以，绝大部分情况下，只有植物学家、狂热的树木发烧友和树木猎人，会跟随为数不多的了解地形的人来到这里。若单凭大家自己，是找不到这棵树的。"非常难找"对于树本身来说是一件好事，谁知道会有什么破坏活动发生在它身上呢？这棵 9550 岁的老杉树是一棵克隆（无性繁殖）树，因此它地面以上的部分没有这么高龄，然而人们通过对其根系进行碳 14 定年法得出的结论是：它在公元前 7550 年已经活着了，（为了忆起时间的维度，可以表述为：就人类目前的认知来看，从它发芽到人类发明文字，其间历时 2000 年。）最开始也许是一丛在积雪的重压之下会蜷缩的矮小弯曲的灌木，枝条被压弯至地面，不断地长出根来。和在犹他州的潘多不一样，潘多是从根系里伸出许多树干，而这棵云杉是单体树，世界上最著名的单体克隆植物。它叫作 Old Tjikko，是研究员丽萨·宇贝克和莱芙·库尔曼用狗的名字为它命名的，他们曾经和那只狗一起在寻找这些老树的途中在如画的风景里散步。这些云杉应该能为研究气候变化提供数据，可以说 Old Tjikko 的发现颠覆了学界的一些理论，和比它年轻 50 岁的老拉斯姆斯和另外 20 棵位于拉普兰和这里之间的平均 8000 岁的云杉一样。

"就在前面。"迪克·布拉奥博尔说着指向前面一座看起来和周围山丘没有任何两样的小山丘。能看见几丛被风吹弯的灌木，灌木后面是一个细细的树顶，深绿色上面覆盖着积雪，其他的再也看不见什么。这棵树的上半部分是一个有着尖尖树梢的树冠，下半部分是细细的没有枝权的树干，就像一棵没人要的圣诞树立在那里，它就是 Old Tjikko。最后几米，我并没有快步奔上前去，而是带着马上实现目标的喜悦之情缓缓接近它。雪很神奇地突然停了，黑色的乌云被亮灰色的云推开，眼前的景象突然清晰，史诗般的森林画卷在眼前展开，贯穿其间的深色小路像是蜿蜒的带子，还有长在河岸边的树，它们充分吸收了水分，所以更加强壮，不像那些针叶尖已经变黄、在夏季就开始枯萎的树。这些树从远处看颜色更浅，是浅绿色的。从这里还能看见千年森林和国家公园的入口，在那里，今天早上有个男人拿着小香肠片投喂松鸦。这种驯良的灰棕色鸦类在中世纪得名，因为它们总在极寒的冬季出现在中欧地区，它们出现之后那里便开始死人，死人并不是因为它们，而是由于寒冷。这上面的景色是何等壮观，比想象中要大一些，而那棵树比期待的要小一些，简直就是楚楚动人的娇小，它孤独地立在那里，旁边甚至没有块牌子来介绍它。周围只有一圈到膝盖那么高的绳子，防止人们踩踏它垂到地面的细枝。周围像花环一样包围着树干的，是蜷缩的高山矮曲林。

库尔曼和宇贝克写道：它的树干会通过气候改变而生长，在过去的几十年才长起来一点，1974年人们测量过一次，那时它高两米，这棵树积极地适应周遭环境，利用温暖环境，像其他长在低处的杉树一样奋力向天空伸展。这个个体适应能力极强，它在温暖的时候生长树干，在寒冷的时候生长贴近地面的部分，按照这样的规律，没有上千年也有几百年了。一直到2008年，它在迈阿密的实验室被注明日期，科学家们推测，云杉在上一个冰川期在偏远的俄罗斯东部幸存了下来，从2000年前才开始在西斯堪的纳维亚生长，人们把找到的更古老的花粉归因于风的力量。多亏了 Old Tjikko，人们才得以证明，这个地区在冰川时期之后直接进入了一段温暖时期——比今天还要暖，再一次适合杉树生长了。这导出了千年的差异，整个北欧的植物生长史要被重新思考了。

那时候的松林和杉树林的分界线一定比现在至少高200米，这边界线随着全球气候变暖会持续升高。阿尔卑斯山苔原面积会逐渐缩小，这棵老树周围会出现与它同品种的年轻邻居。

树枝上挂着几颗球果，我有那么一瞬间有想去摘的冲动，但很快压下去了。"没有必要，"迪克·布拉奥博尔说，"把这棵树的种子带走并种下会给人带来厄运的。"这是他一再重复的警告。来这里看树的人总有各种奇怪的想法，有一次，他听到一阵嗡嗡声，而且越来越大，像某种机器的声音。他边找边望向四周，发现是一位他带上山来的练瑜伽的女士。她静坐冥想了 4 个小时，还一直发出瑜伽圣音，以吸取树的能量，他就只好等着，但至少这种练瑜伽的没有伤害到其他人。

后来，在下山的途中，太阳出来了，一阵电话铃声打破了宁静。是一位德国记者打来电话，想让迪克·布拉奥博尔给他发 Old Tjikko 的 GPS 定位。迪克·布拉奥博尔礼貌地拒绝了他，游客不应该独自去找这棵树，离开大路，践踏沼泽，盗伐树木……不！人们不想这样，于默奥大学的科学家们也严厉反对这种行为。来电话的人固执己见，还催促他快点发，说话声音也变得尖厉了，这就不能假装听不见了。长脚荷兰人保持着坚定的态度。"还挺远呢！"他说着，拖着沉重的步子走在湿滑的雪地上，朝山下有熊出没的树林走去……

申克伦斯菲尔德的椴树

大叶椴（*Tilia platphyllos*）

900 至 1255 岁；高：10 米，树干周长：17.91 米

德国，黑森州，申克伦斯菲尔德

北纬 50°81′，东经 9°84′；海拔：317 米

尽管第一夜相安无事，第二夜却睡得非常不踏实。纷乱的画面和场景互相交错，木头颈手枷，戴枷锁的人被众人嘲笑、被扔垃圾，咕咕叫的鸡，叮当响的马具，孩子们的笑声和市场上的叫卖声，临时法庭，一天晚上摆脱了基督教的束缚而在木板上跳舞的市民，然后，他们所有人都出现了——吕文贝格一家、亚伯拉罕一家和威尔一家，纳旦一家，卡岑施泰恩一家和卡岑一家，一马当先的是吕迪亚·卡茨，对的，就是吕迪亚姑妈，这些人不断重复出现。显然，这让人根本睡不好。

透过窗户审视地将目光投向草地尽头，四周一片寂静，著名的椴树泛着清冷的光，许多黑色树干伸向夜空，让人分辨不清哪里是树枝、哪里是树干。现在正值 12 月，树已经秃了，只有长着翅的毛茸茸的坚果挂在纤细的枝头摇晃，闪烁着浅褐色的光泽轻轻摇摆，很像一个小小的挂钟，一切都近得似乎触手可及，人在这家"椴树客栈"的一层，几乎像坐在树冠里一样。客栈早前是申克伦斯菲尔德的镇公所，这个地方在公元 800 年的时候还叫作"图灵根的伦斯菲尔德"。门外是阴森恐怖的寂静，后半夜很少有人家还亮着灯。曾经是市场的地方，现在变成了停车

场，虽然还是像以前一样被圈起来，可面积依然不大，长 60 米，宽 30 米。停车场边上有 12 座小房子，少数几座做了复古设计的现代建筑，一家律师事务所外面挂着超大的广告灯牌，灯牌上是一片大大的椴树叶子。椴树的对面有几座矮小的木屋，椴树枝在木屋的正面投下树荫，树影横七竖八地出现在立柱、斜撑木和门闩上。这是一个闪烁变换的光影游戏，是"魔像和他如何来到世上"的画面，让人感觉仿佛身处没有汽车的中世纪。

这棵阔叶椴被称为德国最古老的树，当然我们并不知道它是否真的是这个国家最老的树，也许在哪里还藏着一棵更老的树，也许是棵栎树，不过无论如何它都是最老的椴树，而且不管怎么说也比橡树们年纪大。它是一棵令人困惑的树，它的外形让人看不明白，而且也因此显得不是很高大雄壮，与它"德国最古老树木"的名号很不相符。另外，大家还知道它的树干周长是最大的，但这一点也很难看出来，因为它的树干不是一个整体，人们在这种情况下使用了通常的测量技术，也就是把每一部分树干的周长测出来然后相加，显得很稀有。这树从外观看起来好像很久以前在内部发生过爆炸，把主干炸飞了，只残留下 4 块巨大的残片互相依靠在一起。连同树周围的粗石矮墙一起观察，就像一束扎得巨大的花束卡在花瓶口。同样令人迷惑的还有所有的纸篓、花槽、长椅，最主要的是 40 个木质支座，它们是围着树摆放的支架，没有任何实际功能，只能让人回忆起这树充当"法庭椴树"和"舞场椴树"的年代。那个时候，人们会在树下的这些支架上搭上地板，在地板下面进行法庭判决，在地板上面跳舞。现在，支架上已经不再有地板，这样方便了许多，因为有地板的时候只适合个子矮的人通行，想要穿过这些乱七八糟的大木头走到树附近去，必须得低头和缩脖子，我们的祖先肯定都是小个子。大木头中有两个位置支撑着巨大的树枝，大树枝像疲惫的胳膊搭在上面。人们把这叫作"牵引"，在这个镇子里，许多阔叶椴都被这样拉宽，人们将竖直的嫩枝拉向水平方向，这样树冠就不会继续长高，而是越长越宽，慢慢地就形成了平面花环。

夜晚，坐在大树里刻着"种于公元760年"的大石头上，感觉十分惬意，尽管树枝上无数的小洞和挂着蜘蛛网的中空很大的树桩十分显眼，树桩里有腐烂的树叶，小树洞里还总传出莫名的沙沙声，尽管蝙蝠此时在冬眠，也让人怀疑随时可能有某种动物从它昏暗的洞穴里爬出或者蹿出来，这里给人带来无限遐想。也许蚜虫也在树皮里过冬，春天时破茧而出，只要第一批树叶刚刚发出嫩芽，就会被蚜虫们吸光汁水，树上和地上到处迸溅着它们的排泄物，黏黏糊糊呈水滴状，人们还给它取了个诗意的名字叫"蜜露"。当然人们也会抱怨这种排泄物，因为它和煤炱及其他脏东西混在一起会腐蚀车漆。蚜虫特别喜欢椴树的汁液，就像其他昆虫喜欢甜甜的蜂蜜。然而，椴树不仅对蚜虫来说是十分有价值的生物，对于人类来说也是如此。首先，是被"牵引"的椴树会向人们提供富含鲜活纤维组织的树皮，这种组织可以用来编筐、搓绳、编带子和制作成其他编织物。从罗马时代就有这样一种说法：椴树会源源不断给人们提供原材料。它不是几棵站在一起却要四散奔逃的树，哥廷根大学的科学家通过基因检测技术证实了这棵椴树是一棵单体树，4根树干是从一个根系长出来的。每根树干底部都形成了笔直的年轻树干，它们精神抖擞地向高处伸展，好似想要呼喊，它们现在不需要别人来干扰和把它们按照人类意愿塑造，它们要尽快朝着自己的最终归宿——天空生长。

这树干分为 4 块绝非偶然，它们分别精准地朝向东南西北四方，这一定是几百年前的人类所为。和它们地面以上分为 4 块一样，它们的高度也是分级的。这里极有可能不只有一个舞场，而且还有一个辅助的台阶，其他被牵引的椴树也起到这个作用。据树木管理员麦克尔·茅赫（1905—1980）（这个人被称为德国树木培育方面的奠基者）记载，这种改造椴树的方式从日耳曼人和他们三分的神明世界而来，必须为树下的巨人腾出地方，华纳神族在树里面，阿萨神族在空中，最重要的是来自宛恩家族的爱之女神，居住在树冠里。椴树虽然能够被牵引，但这对它本身来说没有什么好处。茅赫支持这种说法，他说由于最下面的部分被施加强拉力，致使中段的树干越来越纤细，缺少养分，并因此从上端部分开始死去。

最主要是日耳曼人，对他们来说椴树是神圣的树，一种神圣的雌树。日耳曼人用"庭广场"为日后的法庭椴树做了基础。这里所谓的"庭"就是指百姓的集会，在某一特定时间（大多数是在月圆或者新月的时候），在一个特定的地点举行集会，这个地点就是所谓的"庭广场"。这个广场必须让远道而来的部族成员容易找到，因而大多位于开阔的高地上，通常在椴树附近。这里必须为人、牛和马提供足够的位置，要足够大，以使闹翻的党派有路可逃。围绕广场中心会建起一座具有象征作用的墙，墙里面被看作"庭的和平与宁静"，就像在我们眼前这堵墙一样。

现在这里彻底和平了，在夜里睡觉的时间，坐在两米高的水平向东的树枝上，像个孩子一样摇晃着脚丫。据罗马历史学家（常被称作讽刺历史学家）塔西佗（58—约 120）记载，集会一般持续三天，第一天大家喝酒和进行讨论，为的是让大家能够畅所欲言。在第二天和第三天将针对事物进行冷静思考并做出决策。谁若是打破"庭和平"将被剥夺政治权利或被赶走，若有人擅自脱离"庭"，会被看作逃跑，会被逮捕回来。塔西佗描述道："在百姓集会上也会有控告和关于生死的诉讼。惩罚方式多种多样，依据所犯罪行轻重而异。叛变和倒戈者会被挂在树上；卑鄙的临阵脱逃者及与牲畜淫乱者会被装进竹筐或麻袋里浸到泥坑或者沼泽里。情节较轻的强奸也会根据具体情况进行处罚，被处罚者会被罚交出马和牲口，这些东西一半归国王和教会，另一半归受害者或其家属。"所有的成年自由人都有表决权，成年是指年满 14 岁并有自理能力的男孩和女孩。作为成年的标志，男孩会被赠予盾和剑，女孩会收到一把匕首。

栽种日期被确定在公元 760 年，这事有可能，但并不确定，然后这就成了一个这里走向野蛮的时间。此前不久，教皇格里高利二世刚刚委托来自南英格兰威塞克斯的传教士波里伐丢斯将日耳曼人基督教化。波里伐丢斯经过一番努力之后，可谓大获成功，他还不假思索地让人砍倒了位于彼拉堡的以日耳曼神多纳命名的多纳橡树。砍树得来的木头被他用来修建了一座小教堂，同样，日耳曼的圣所和广场也被改作他用。首先是"庭广场"上被建起了修道院、教堂和祈祷室。日耳曼人抵制基督教，与之抗衡了近百年，在公元 760 年左右时，依然在全面抵抗。公元 760 年，一座供奉着神圣的乔治的小教堂在申克伦斯菲尔德被建起，因此，完全有可能是在基督教胜利游行过程中，在一棵老椴树的位置上种了一棵新椴树，就像在老树的空心树干里长了一棵年轻的树。

说起日耳曼人，很难不马上联想到纳粹，不联想到他们的露天剧和"庭集会"，"庭集会"是纳粹借鉴日耳曼集会广场演变而成的以政治宣传为目的的民众集会。完全否定了过去日耳曼人的聚会是基本民主制的开端。另外，也很难不想到吕迪亚姑妈、赛丽一家和吕文贝格，还有亨克尔老师提到过的老莱西海默。然而，首先要放眼看一下遥远的过去，也就是在那几百年里，那时候申克伦斯菲尔德椴树还是一棵法庭椴树，从1557年到1796年一直都是，直到19世纪20年代仍有时候被当作法庭椴树。卡尔大帝（747—814）沿袭了日耳曼人初级裁判所的传统，以及像过去一样在露天广场举行议会会议，这些做法一直被延续使用至近代。在被牵引的树枝形成的树枝屋顶下，不仅进行案件审理，那里还立着可以把犯人锁在上面的刑柱，有时犯人会被锁在上面三天，一节被后人找到的锁链证实了这一点。死刑不在椴树下执行，而是在离这里比较远的乡道旁边进行。这样做是为了让尽可能多的过往行人从远处就看到挂在那里摇摇晃晃的被绞死的人，起到警示作用的同时，还给人一种恐怖的快感。1688年，绞刑架被再一次翻新。人们在这棵椴树下对被判决人百般羞辱，割下他们的手指、鼻子、耳朵或舌头，鞭打他们或用烧红的烙铁给他们烙上印记，但不砍头也不绞死他们。这主要是因为这棵椴树位于小市场广场中心，与哥廷根的法庭椴树不一样，那棵椴树在城外面，1859年1月执行的最后一次公开死刑就是在那里进行的。被处决的是一名女仆，她叫弗里德里克·罗策，这位年轻的女子被用剑砍了头，她的罪名是毒杀了她的男主人——面包师西威特，原因是他曾许诺要娶她，而后却娶了别人。在申克伦斯菲尔德椴树下不执行死刑，从某种程度上来说也是一种安抚策略。因为有一种十分可怕的画面——人们异常贪婪地围着地上被砍了头的尸体，用手帕蘸着从脖子喷涌而出的血液，只为回家再把血吸出来（因为人血被当作治疗羊角风的秘方，据说从古罗马时代就开始应用了，那时他们津津有味慢慢饮用角斗士的血。这虽是迷信，却一直到 20 世纪初还有人笃信），与此相关的可怕想象会令这里庇护大家的枝叶屋顶和舒适的长椅笼罩上诡异的色彩。

坐在树冠下面的木质支座上很好玩，以前这些支座上架着木板，椴树不再作为惩罚之地之后被改作欢愉之地，人们会在这大木板上跳舞，不过一年当中只有少数几天可以在这里跳舞，因为新教将申克伦斯菲尔德禁锢得很严，娱乐活动和肉欲一样是被禁止的。在信奉天主教的富尔达地区情况就大不相同，那里的纺纱车间姑娘不仅忙着做手工活，还会玩耍、唱歌及和年轻小伙子嬉戏打闹，这种放荡的行为在申克伦斯菲尔德是被禁止的，在这儿，只有在椴花节上跳舞是一年的高潮。从这边高处可以清楚地看到酒店入口，长久以来门都是被锁死的，但是就像在大多数乡镇一样，这里重要的会面都在酒馆的吧台进行，在那里的人们彼此都认识，也会经历一些没见过的事情，就像前天老板拿出榛子酒时说的，因为其他树木收集者最多在椴树旁站 20 分钟，而且不会进来点杯咖啡或者啤酒，而有女访客因为当地人引以为傲的德国最老的树——大椴树直接在申克伦斯菲尔德住两夜，这简直是天大的新鲜事。

若没有榛子酒也许我就不会遇见退休教师，同时也是方言专家的维纳·亨克尔，他是在民族服饰展会之后和民族服饰协会的其他成员来酒店里小酌一杯；没有榛子酒也许一切都会不一样，椴树会一直被当作一棵基督教的树，1976 年的夏天也不会被提起。然而现在，小广场上最后一盏亮着的灯也被熄灭了，在供给老人们同住的小木屋底层能听到鹅卵石路上响着啪嗒啪嗒匆忙的脚步声，除了这点声音，椴树广场一片死寂，脚步声的主人并不知道一个陌生女子正抱着狗蹲坐在树冠下的木桩上，现在亨克尔的话一点点具象化了。那时候，1976 年 7 月，这棵椴树差点儿死了，掉落大量叶子。那是一个百年不遇的夏天，又热又干燥，消防队在椴树周围砌起围墙，在里面注满水，像一个大浴盆，只有这样才能救树。几年以后人们才明白，是当时以防水为目的给广场铺的沥青造成了椴树的惨状，因为沥青使树根吸收不到空气和水分。现在，所有地面铺的都是鹅卵石，看起来如此和谐，仿佛一直是这样从未改变过。

比椴树几乎渴死和窒息的场景更触动人的是维纳·亨克尔提到的申克伦斯菲尔德历史上那个黑色污点，这个污点虽然几乎被彻底清除掉，但仍是这个地方的痛处，它就是犹太人的历史。就像在第二天与另一位退休教师卡尔·霍尼科谈话时，卡尔所说的，犹太人在这里的历史事件大部分都是围绕着椴树发生的。在 1494 年的文献中提到了犹太人亚德·约瑟夫，称他是第一个获得 6 年居住权的犹太人，在 1678 年启蒙运动初期，迁来了 8 个 "被保护的犹太人"（Schutzjuden）和他们的家人，犹太教区持续发展壮大，还修建了墓地，到了 1892 年还修了犹太教堂。有一家带有雪茄加工厂的旅店、一所犹太学校，甚至还有一个犹太教神秘主义社团，该社团声名在外，出了黑森州依然很有名气。1933 年在申克伦斯菲尔德生活着 176 名犹太人，占这里总人口的 15%，这个数字同当时在德意志帝国的平均占比 0.9% 相比起来显得十分巨大，人们把这里叫作犹太镇。几百年间基督徒和犹太人在这里融洽地共同生活。1929 年在《以色列人》这本杂志中刊登了一篇未引起轰动的文章："全教区教徒在安息日之后，同他们的客人在惬意的夜晚在椴树酒店的大厅里聚会。这个隆重的夜晚由坦伦堡小姐的开场白拉开帷幕。开场白之后，一些大家同食的小吃被端上来，紧接着大家做了饭前祈祷，这场祈祷被拍卖了，能为圣地赢得一笔可观的善款。接下来，格伦瓦德老师向来宾们致欢迎词，其间表达了教会对捐赠人的感谢，并表示希望尊敬的拉宾尔先生的话能够圆满实现。伴随新的托拉圣典能有新的犹太神明进入我们教区，特别是进入到正在成长起来的年轻家族的核心。"

雅各布·格伦瓦德老师在不久后死于特雷泽城，他的妻子耶玛死在索比堡集中营，克拉拉·坦伦堡小姐死于里加皇帝森林。1933 年 3 月，纳粹已经开始了对犹太人居所和商铺的第一波袭击，在 5 月关闭了犹太学校，椴树上挂着的报刊栏里是反犹太人行动的期刊《先锋》。"纯粹的嫉妒驱使人们这样做"，维纳·亨科尔说，这一点他是从他父亲身上认识到的，他父亲不愿意承认犹太人的成功。由于犹太人重视学校教育，所以他们的孩子多成为商人，而不像镇子里其他居民的孩子成了农民和手工业者，犹太商人为这里贡献超过一半的税收。当亨科尔公开说他父亲是个"坚定的纳粹分子"（尽管他最好的朋友小里希海默就来自隔壁的犹太家庭）时，他没有请求任何原谅，并且把这当作他作为一名教师的责任，不断揭开伤疤，以使人们不忘记这段历史。在民族服饰协会，他们会把东欧犹太人唱的意第绪语歌曲列入演奏曲目。里希海默家和亨科尔家都住在犹太教堂旁边，距离这里 4 栋房子。亨科尔出生于 1946 年，那时候犹太教堂早就毁掉了，在 1938 年 11 月的帝国屠杀之夜（即"水晶之夜"——译者注）它被两名管理人员保护了，并不是因为这两位管理员不想打扰神明所在之地，他们也是满怀激情的纳粹分子，他们只是害怕火焰会蔓延到他们自家粮仓。里希海默在这个时候已经逃到里斯本了，他家房子被划归为雅利安人所有，被陌生人住了。在 20 世纪 80 年代，里希海默已经是白发苍苍的老人，他回到申克伦斯菲尔德，并想要认识一下他童年好友的儿子。他们聊了所有话题，唯独没提那决定性的 12 年。

卡尔·霍尼科是这个镇子里第二位"警醒者"，他在 20 年前建立了犹太人博物馆，一家特别值得关注的两室博物馆，就在格伦瓦德老师被驱逐之前住的房子里。若没有卡尔·亨科尔，也许申克伦斯菲尔德的犹太人历史会陷入被遗忘的深渊。这里已经不再是一个犹太区，亨科尔说，和北边的曼斯巴赫不同，那里至今还有犹太区。但是犹太人们已经密集地居住在一起，原因是在安息日犹太人只允许走 2000 步，所以所有的地方都互相离得很近，犹太教堂、住宅、学校。一块安息日大木头标志着外围边界，节日游行队伍走到那里就折返回去。在安息日的一周，椴树广场上肯定会有熙熙攘攘的人群，广场上有一家挨一家的犹太人商店，这些小型的空间里都是中世纪的建筑结构。

所有的一切似乎在两层意义上都已经死了。其中一种"死"是说，因为曾经在椴树周围生活的人都消失了，176 个世代居住在申克伦斯菲尔德的居民，他们当中 23 人被杀死在集中营里。另外一种"死"是说，除了这家旅店，每种曾经在这个非常有活力的露天小市场里的公共生活都消失了，现在这块地方只是停着车，其他别无他用。卡尔·霍尼科也对这一点满腹抱怨，他希望那些商铺重新开起来，不过几年前他自己也担心会有暴乱。椴树的支撑架应该翻新，在霍尼科的指导和建议下翻新工作启动了，但实施过程却没让他参与，结果最后缺少了独特的对角式支撑，而是用笨重的沙石块做了 40 根支柱的底座，大家从旁边经过时会划破裤子和裙子。树下一度成了一片独一无二的乱石场，这引来了大量民众写抗议信，还有各种批评文章见诸报端。最终导致了重选镇长，他少了 50 票，现在由一位来自基民盟的男子接替了他的位子，这种事发生在一个一直由社民党执政的地方实属罕见。树下那些大石块被运走了，霍尼科将柱子下面的金属护角扔了，另外，还在镇长去疗养的两周期间秘密策划了给树嵌入支撑，不再使用木工的方法开槽嵌入，而是直接用射钉枪，因为他们了解到后钉进去的没变化，前面钉的已经生锈了。霍尼科说"这是戏剧性的一幕，不，是疯狂的一幕"。

可以围着椴树逛一圈，手里拿着计划表，仔细观察那些房子的门面。看到每栋房子都知道里面住了谁，所有信息都被霍尼科和他的同事们整理记录过。包括每个人的名字、工作、出生日期，就连他们祖父母和孩子的信息都被登记了，里面包含了讲不完的故事。在威利·亚伯拉罕家，可以买到任何东西，甚至连马和猪都能买到，就在那边的角落里，那个有扇小窗户的木房子，现在小窗子后面睡着住在公租公寓里的老人。过去，这里要比现在喧闹得多，因为所有动物都在房后的牲口棚里。沿着这个圈继续走，就到了卡岑夫妇和他们4个孩子的家，他家不仅卖日用品，还陈列着一些旧书和明信片。旁边的房子住着纳旦一家，卖衣服和其他纺织品。斜对面现在已经盖了新房子的地方，卡岑施泰恩家在那儿卖进口商品，他家店里可以闻到来自外面遥远世界的味道，各种香料、可可和咖啡的气味。隔壁的努斯鲍姆家卖手工制作的商品，大概有瓷器、台毯和钟表。最后是卖动物饲料和肥料的威尔家，他家儿子诺伯特在20世纪20年代的时候当了共产党，有几个月的时间消失在布莱特瑙集中营，之后可能逃到了巴勒斯坦。当然还有吕迪亚·卡茨的杂货铺，每个人都管吕迪亚·卡茨叫吕迪亚姑妈。卡尔·霍尼科采访过在以色列和美国的流亡者，所有人都谈到过吕迪亚姑妈，她就像整个教区的灵魂人物，吕迪亚姑妈60岁时流亡到美国纽约，和伊尔玛·希施费尔德一起很快在曼哈顿开起了一家特别成功的"严选犹太食品"（strictly kosher catering）商店。

突然间一切变得明朗且画面生动，是一位飞遍了半个地球的德国退休教师让那些人将他们经历过的故事重述出来，并将这些呈现在世人面前。是这位德国教师在最偏远的地方建了犹太文物博物馆，博物馆并不在普通的营业时间开馆，而是为了那些真正感兴趣或远赴这里的人开馆，或者是这些在旅店的吧台前坐过，了解过这里发生的故事、知道在这棵德国最老的树周围有过犹太人生活的人。从中世纪流传下来一个传说：神圣的格奥尔格在老树的枝叶下杀死了一条龙，救下了差点被吃掉的小女孩。就像在日耳曼人的故事里齐格弗里德杀死了巨龙一样。从这一点来说，这棵椴树应该是德国最老的树，因为不论站在它的树冠下还是坐在它的树枝上，都能真正驰骋在这个国家的历史中，不会错过与之相关的一切。在这里，就在这片广场上，在这棵树旁边，有每个时代发展的印记，仿佛人们看一眼申克伦斯菲尔德就像用放大镜看德国的历史，这个镇子就像是德国的微缩模型。感受到这一切的人会非常激动，以至于在这无眠之夜也能感受到一辈子从未体验过的安全感。

著作权合同登记号：图字 01-2018-4261

图书在版编目（CIP）数据

古树的智慧 /（德）佐拉·德尔博诺
（Zora del Buono）著；薛婧译.— 北京：北京出版社，
2024.5
（博物学书架）
书名原文：Das Leben der Mächtigen
ISBN 978-7-200-16397-1

Ⅰ.①古… Ⅱ.①佐… ②薛… Ⅲ.①树木—世界—
普及读物 Ⅳ.① S718.4-49

中国版本图书馆 CIP 数据核字（2021）第 044361 号

策　划　人：王忠波　　　责任编辑：王忠波　邓雪梅
责任营销：猫　娘　　　责任印制：陈冬梅
装帧设计：吉　辰

·博物学书架·
古树的智慧
GUSHU DE ZHIHUI
[德] 佐拉·德尔博诺　著　薛婧　译

出　　版：北京出版集团
　　　　　北 京 出 版 社
地　　址：北京北三环中路 6 号
邮　　编：100120
网　　址：www.bph.com.cn
总 发 行：北京伦洋图书出版有限公司
印　　刷：北京华联印刷有限公司
经　　销：新华书店
开　　本：787 毫米 ×1092 毫米　1/16
印　　张：11
字　　数：122 千字
版　　次：2024 年 5 月第 1 版
印　　次：2024 年 5 月第 1 次印刷
书　　号：ISBN 978-7-200-16397-1
定　　价：98.00 元

如有印装质量问题，由本社负责调换
质量监督电话：010-58572393